地质环境监测与保护研究

于晓静 何胜强 王 雯 主编

哈尔滨出版社
HARBIN PUBLISHING HOUSE

图书在版编目（CIP）数据

地质环境监测与保护研究／于晓静，何胜强，王雯
主编. -- 哈尔滨：哈尔滨出版社，2025. 1. -- ISBN
978-7-5484-7988-8

Ⅰ. X83；X141

中国国家版本馆 CIP 数据核字第 2024NJ0120 号

书　　名：**地质环境监测与保护研究**
DIZHI HUANJING JIANCE YU BAOHU YANJIU

作　　者：于晓静　何胜强　王　雯　主编
责任编辑：李金秋

出版发行：哈尔滨出版社（Harbin Publishing House）
社　　址：哈尔滨市香坊区泰山路 82-9 号　邮编：150090
经　　销：全国新华书店
印　　刷：北京虎彩文化传播有限公司
网　　址：www. hrbcbs. com
E-mail：hrbcbs@ yeah. net
编辑版权热线：（0451）87900271　87900272
销售热线：（0451）87900202　87900203

开　　本：880mm×1230mm　1/32　印张：5.25　字数：121 千字
版　　次：2025 年 1 月第 1 版
印　　次：2025 年 1 月第 1 次印刷
书　　号：ISBN 978-7-5484-7988-8
定　　价：48.00 元

凡购本社图书发现印装错误，请与本社印制部联系调换。
服务热线：（0451）87900279

前　言

　　地质环境是我们赖以生存的基石,它不仅维系着地球的自然平衡,还与人类的生活和生产活动息息相关。随着社会的飞速发展和人口数量的激增,人类对地质环境的干预和破坏日益加剧,这使得地质环境的监测与保护研究变得尤为重要。地质环境监测是开展保护工作的前提和基础。通过利用现代化的遥感技术、全球定位系统以及精密的传感器网络等先进技术手段,我们可以实时、准确地获取地质环境变化的详细数据。这些数据涵盖了地质灾害的发生、地下水污染情况、土地退化程度等多个方面。这些宝贵的数据不仅有助于我们及时发现地质环境问题,还能为后续的决策提供科学依据,为预防和减轻地质灾害提供技术支持。然而,仅仅依靠监测是不够的。我们还需要深入开展地质环境保护研究,以更好地理解地质环境问题,并寻求有效的解决策略。这包括对地质环境的形成与演变规律的研究,分析人类活动对地质环境的影响机制,以及研究地质灾害的预警与防治措施等。通过这些深入研究,我们可以更深入地了解地质环境问题,为制定科学、合理的保护策略提供坚实的理论支持。除了学术界的努力外,公众的地质环境保护意识也是至关重要的。只有当每个人都充分认识到地质环境的重要性,并积极参与到保护工作中,我们才能真正实现地质环境的可持续保护。因此,我们需要加强地质环境保护的宣传教育,通过多种渠道和方式增强公众的环保意识。这包括开展科普活动、制作宣传资料、举办讲座和培训课程等。通过这些努力,我们可以逐渐提高公众对地质环境保护的认识,激发大家积极参与保护工作的热情。

本书共分为五个章节,探讨了地质环境及其监测、保护策略与技术措施。第一章介绍基于3S技术、传感器和远程在线自动传送的地质环境监测技术方法。第二章阐述地质环境监测的主要对象,包括土壤、水、地质灾害和矿产资源开发环境。第三章地质环境监测数据处理与分析部分介绍了数据处理的基本流程、收集与整理、质量控制与评价,以及数据的分析与应用。第四章分析地质环境退化的主要原因与影响,包括土壤侵蚀、水资源枯竭、矿山开采与生态破坏等。第五章提出地质环境保护的策略与技术措施,如土地复垦与生态修复、水资源保护与合理利用、矿山环境治理与绿色开采、地质灾害防治与预警系统建设等。

目　　录

第一章　地质环境监测技术方法

第一节　基于 3S 技术的遥感监测

一、3S 技术的定义

在探讨 3S 技术之前,我们需要首先明确其定义。3S 技术,即遥感技术(Remote Sensing,简称 RS)、地理信息系统(Geographic Information System,简称 GIS) 和全球定位系统(Global Positioning Systems,简称 GPS) 的统称。这一技术将各种空间和地面信息源的数据进行集成,形成了一个强大的信息处理系统。遥感技术主要通过各种传感器设备,如卫星、飞机、无人飞行器等,对地球表面进行大面积、大范围的扫描,从而获取各种地理、环境、资源等信息。GIS 则是一种处理地理空间数据的信息系统,它可以将各种地理信息数据化,并通过分析、查询、统计等功能,为决策提供支持。而 GPS 则是一种全球定位系统,它通过卫星定位,可以精确地确定物体的位置、速度、方向等信息。在实际应用中,3S 技术被广泛应用于各种领域。在环境监测方面,3S 技术可以实时监测环境变化,如土地利用变化、水质变化等,为环境保护提供数据支持。在资源管理方面,3S 技术可以帮助管理人员了解资源分布、利用情况,为资源合理利用提供决策依据。在城市规划方面,3S 技术可以提供城市空间布局、交通流量等信息,为城市规划提供科学依据。此外,在灾害应急、农业管理、军事应用等领域,3S 技术也发挥着重要的作用。

二、基于 3S 技术的遥感监测方法

(一)遥感图像处理与分析

遥感图像处理与分析是一门涉及遥感技术、数字图像处理以及地理信息系统等多个领域的综合性技术。其主要目的是通过对遥感图像进行一系列的处理和分析操作,以提取出有用的信息,为各种应用提供支持。遥感图像处理主要包括辐射校正、几何纠正、图像整饰、投影变换、镶嵌、特征提取、分类以及各种专题处理等一系列操作。这些操作旨在消除图像中的误差和失真,增强图像中的有用信息,提高图像的解译性和可利用性。其中,辐射校正主要用于消除图像中的辐射误差,几何纠正则用于校正图像的几何畸变,图像整饰可以提高图像的视觉效果,投影变换可以将图像投影到不同的地理坐标系下,镶嵌则可以将多幅图像拼接成一幅大图,特征提取和分类则是提取出图像中的有用信息并进行分类。遥感图像分析则是对处理后的遥感图像进行进一步的分析和解译,以提取出更加详细和深入的信息。这包括利用遥感图像进行地物识别、变化检测、环境监测、资源评估、灾害预警等各种应用。在这些应用中,遥感图像分析可以提供大量的定量和定性信息,为决策制定提供重要支持。随着遥感技术的不断发展和完善,遥感图像处

理与分析技术也在不断进步。目前,已经出现了许多先进的遥感图像处理软件和分析方法,如遥感图像处理系统 GEOIMAGER、遥感图像处理软件 ENVI 等。这些软件和方法可以大大提高遥感图像处理和分析的效率和精度,为各种应用提供更好的支持。

(二)地表形变监测

以 3S(GPS、RS、GIS)技术为基础的地表形变监测方式,结合了全球定位系统、遥感技术和地理信息系统的优势,实现了快速、准确、大范围的地表形变监测。GPS 技术以其全球覆盖、全天候、高精度的特点,被广泛应用于地表形变监测中。遥感技术(RS)通过获取地表形变区域的遥感影像,可以对地表形变进行大范围、高时效性的监测。利用不同时相的遥感影像进行对比分析,可以提取出地表形变信息,如滑坡、地面沉降等。通过 GIS 的空间分析功能,可以对地表形变进行空间分布、变化趋势等方面的分析,为地表形变监测提供决策支持。

(三)地质灾害预警

以 3S(GPS、RS、GIS)技术为基础的地质灾害预警方法,通过综合运用全球定位系统、遥感技术和地理信息系统,实现了对地质灾害的实时监测、预警和决策支持。首先,GPS 技术被用于实时监测地质灾害可能发生区域的地表形变。通过在关键位置部署 GPS 接收机,可以高精度地获取地表的三维坐标变化,及时发现和跟踪地质灾害的形变过程。其次,遥感技术(RS)利用卫星或无人机等平台获取地质灾害区域的遥感影像。通过对遥感影像的解译和分析,可以提取出地质灾害的相关信息,如滑坡体的位置、规模、形态等,以及灾害发生前后的地表变化。最后,地理信息系统(GIS)将GPS和RS获取的数据进行集成、管理和分析。利用GIS的空间分析功能,可以对地质灾害进行风险评估、易发性评价和危险性区划等工作。同时,结合实时监测数据和历史数据,可以建立地质灾害预警模型,对灾害发生的可能性和发展趋势进行预测和预警。当监测数据超过预警阈值时,系统会自动发出预警信息,提醒相关部门和人员采取应急措施,从而最大程度地减少地质灾害带来的损失。

(四)生态环境监测与评估

以3S(GPS、RS、GIS)技术为基础的生态环境监测与评估方法,综合运用了全球定位系统、遥感技术和地理信息系统的优势,实现了对生态环境的全面、高效、精准监测与评估。遥感技术(RS)以其大范围、高时效性、周期性等特点,在生态环境监测中发挥着重要作用。通过获取多时相、多光谱、高分辨率的遥感影像,可以对生态环境进行大范围、快速、动态监测,包括土地利用/覆盖变化、植被覆盖度、生物多样性、水质状况等方面。全球定位系统(GPS)在生态环境监测中主要用于精确定位和导航。通过将GPS与遥感数据相结合,可以实现对特定区域的精确监测和定位,提高监测的准确性和精度。例如,可以利用GIS进行生态敏感性评价、生态功能区划、生态承载力评估等,为生态环境保护和恢复提供科学依据。此外,3S技术还可以与物联网、大数据、云计算等现代信息技术相结合,构建生态环境监测与评估的智能化平台。通过实时监测数据的采集、传输、处理和分析,可以实现对生态环境的实时动态监测和预警,提高生态环境保护和管理的效率和水平。

三、3S 技术在地质环境监测中的优势与局限

(一)技术优势

1. 高效性与实时性

3S 技术——GPS、RS 和 GIS 的集成应用在地质环境监测中展现出了其独特的优势,能够快速、准确地获取并处理地质环境信息,从而及时发现问题并做出预警。GPS 技术以其全球覆盖、全天候、高精度的特点,能够实时提供精准的位置信息。在地质环境监测中,GPS 被广泛应用于地表形变监测、地质灾害监测等方面。RS 技术则能够快速获取大范围的遥感数据,包括地质构造、地貌特征、土地利用/覆盖变化等方面的信息。遥感影像具有高分辨率、多时相、多光谱等特点,能够反映出地质环境的细微变化和演变趋势。通过对遥感影像的解译和分析,可以提取出地质灾害隐患点的位置、规模等信息,为地质环境监测提供重要的数据源。GIS 可以对各种空间数据进行叠加分析、缓冲区分析、网络分析等,从而揭示地质环境各要素之间的空间关系和相互作用机制。同时,GIS 还可以对数据进行可视化展示,使监测结果更加直观易懂。

2. 精确性与可靠性

3S 技术——GPS、RS 和 GIS 所提供的数据以其高精度和可靠

性在地质环境监测领域占有重要地位。这些技术不仅在单独应用时表现出色，而且在集成使用时更能发挥出强大的效能。GPS 的高精度定位能力是众所周知的。其定位精度可以达到米级甚至更高，这对于需要精确位置信息的地质环境监测来说至关重要。无论是监测地表形变、地壳运动，还是进行地质灾害预警，GPS 都能提供准确可靠的位置数据。RS 技术通过遥感卫星或无人机等平台获取高分辨率和高精度的遥感数据。这些数据能够捕捉到地质环境的细微变化，如地表覆盖物的变化、地质构造的变动等。遥感数据的这种高分辨率和高精度特点使得 RS 成为地质环境监测中不可或缺的技术手段。GIS 的空间分析能力则进一步确保了数据的准确性和可靠性。GIS 能够对各种空间数据进行综合管理、分析和模拟，揭示数据之间的空间关系和相互作用机制。在地质环境监测中，GIS 可以对 GPS 和 RS 获取的数据进行集成处理，通过空间插值、叠加分析、缓冲区分析等手段提高数据的精度和可靠性。此外，GIS 还具备强大的数据可视化功能，能够将复杂的数据以直观易懂的方式展示出来，为决策提供有力支持。

3. 综合性与可视化

3S 技术——GPS、RS 和 GIS 的集成应用在地质环境监测中确实展现出了其综合处理和分析不同来源、不同类型数据的强大能力。这种集成不仅提高了监测和评估的全面性，而且通过 GIS 的可视化功能，使得监测结果更加直观易懂，便于决策者和专家进行分析和判断。GPS 提供了精准的空间位置信息，这是地质环境监测的基础。通过 GPS 定位，可以准确获取监测点的坐标，为后续的数据分析和处理提供准确的地理参考。RS 技术能够快速获取大范围的地质环境遥感数据。这些数据包括地质构造、地貌特征、土地利用/覆盖变化等多种类型的信息。通过遥感影像的处理和解译,可以提取出与地质环境监测相关的关键信息,如地质灾害隐患点的位置、规模等。GIS 作为数据管理和分析的核心平台,能够将 GPS 和 RS 获取的数据进行集成和整合。在 GIS 中,可以对这些数据进行空间分析、统计分析和模拟预测等多种处理,从而全面评估地质环境的现状和变化趋势。同时,GIS 还具备强大的可视化功能,可以将监测结果以图形、图像、三维模型等形式直观展示出来。这种可视化展示不仅使得监测结果更加易于理解和分析,而且便于不同部门和专家之间进行交流和决策。

(二)局限性与挑战

1. 数据获取与处理成本

尽管 3S 技术(GPS、RS、GIS)在地质环境监测中表现出了高效的数据获取和处理能力,但也存在一些实际的挑战和局限。3S 技术相关的设备和软件通常成本较高,高精度的 GPS 接收机、高分辨率的遥感影像获取设备以及功能强大的 GIS 软件都需要显著的投资。这对于一些资源有限或预算紧张的组织来说,可能会构成一定的障碍。偏远或难以到达地区的数据获取问题也是一个挑战,在这些地区,由于交通不便、通信基础设施薄弱或环境因素(如恶劣的天气条件),现场采集数据可能会变得非常困难且成本高昂。此外,遥感影像虽然可以覆盖大范围地区,但受到云层覆盖、阴影效应以及影像分辨率的限制,可能无法提供足够详细或准确的信息。

2. 技术与人员要求

3S 技术(GPS、RS、GIS)的应用需要专业的技术人员进行操作和分析,这主要归因于技术的复杂性和专业性。GPS、RS 和 GIS 各自都是高度专业化的技术领域,GPS 需要专业的测量知识和经验来确保定位的准确性和可靠性;RS 涉及遥感影像的获取、处理和解译,要求技术人员掌握相关的物理学、光学和图像处理技术;而 GIS 则需要对地理信息系统有深入的了解,包括空间数据的结构、管理和分析等方面。3S 技术的集成应用进一步增加了技术的复杂性,在地质环境监测中,需要将 GPS 的定位数据、RS 的遥感影像和 GIS 的空间分析功能进行有机结合,这要求技术人员不仅掌握单一技术的操作方法,还要具备跨学科的知识和技能。对于非专业人员来说,掌握 3S 技术确实需要一定的学习和培训。这包括学习相关的理论知识、掌握相关的软件工具以及积累实际的操作经验。随着技术的不断发展,对人员的技术要求也在不断提高。新的技术方法和工具不断涌现,要求技术人员不断更新自己的知识和技能,以适应技术发展的需求。

3. 数据质量与精度问题

尽管 3S 技术(GPS、RS、GIS)以其高精度和可靠性在地质环境监测等领域得到广泛应用,但在实际操作中仍然可能受到多种因素的影响,导致数据质量和精度受到一定程度的限制。以下是对这些影响因素的具体分析:

（1）遥感影像分辨率的影响

遥感影像的分辨率决定了影像上能够显示的最小地面单元尺寸,直接影响着影像的细节表达和信息提取精度。高分辨率的遥感影像能够提供更多的地物细节和信息,但获取成本也相对较高。而低分辨率的遥感影像虽然获取成本较低,但可能会丢失一些重要的地物信息,导致解译精度降低。

（2）GPS 信号遮挡的问题

GPS 信号在传播过程中可能会受到建筑物、山体、树木等障碍物的遮挡,导致信号衰减或失锁,进而影响定位精度。特别是在城市峡谷、林区、峡谷地带等复杂环境中,GPS 信号的遮挡问题尤为突出。为了克服这一问题,可以采用差分 GPS 技术、增加观测时间、选择合适的观测位置等方法来提高定位精度。

（3）数据处理和分析方法的局限性

3S 技术的数据处理和分析方法目前仍存在一些局限性。例如,遥感影像的解译精度受到影像质量、解译人员经验、解译方法等多种因素的影响;GIS 的空间分析能力也受到数据质量、模型精度、分析方法等因素的影响。因此,在实际应用中需要根据具体情况选择合适的数据处理和分析方法,并对其进行优化和改进。

（4）技术更新和标准化问题

随着 3S 技术的不断发展和更新,新的技术方法和标准不断涌现。这可能导致在不同时间、不同地点获取的数据之间存在兼容性和可比性问题。为了解决这一问题,需要加强技术标准化工作,制定统一的数据格式、处理流程和分析方法标准,以确保数据的质量和精度具有一致性和可比性。

第二节　基于传感器的地质环境系统要素监测

一、传感器技术概述

（一）传感器的分类与性能

1.传感器的分类

（1）按被测量分类

传感器是一种非常重要的电子设备,它们能够根据其测量的物理量进行分类。首先,力敏传感器是用于测量物体所受到的力或力矩的传感器。其次,压力敏传感器则主要用于测量压力,如液压、气压等。此外,位置传感器可以检测物体的位置或移动状态,例如轮子、轴承等处的传感器。液面传感器则用于检测液体的表面高度,如油箱、水箱等处的传感器。能耗传感器则是一种特殊的传感器,它可以测量设备的能源消耗情况,如电表、水表、煤气表等。速度传感器主要用于测量物体的速度或加速度,如车辆速度传感器、风速传感器等。热敏传感器则用于测量温度,如温度计、热电偶等。除此之外,还有许多其他的传感器类型,如加速度传感器、振动传感器、射线辐射传感器等。这些传感器通常用于各种不同的应用场景,如工业自动化、医疗设备、机器人技术、自动驾驶等领域。另外,湿敏传感器和磁敏传感器也是常见的传感器类型,它们分别用于测量湿度和磁场强度。最后,气敏传感器则用于检测气体成分或浓度,如烟雾报警器中的传感器。这些不同类型的传感器为我们的日常生活和工作提供了许多便利和支持。

（2）按工作原理分类

传感器的工作原理主要分为两大类,分别是物理效应和化学效应。物理传感器在应用上广泛采用物理效应,如压电效应、磁致伸缩现象、离化、极化、热电、光电、磁电等效应,利用这些效应可以将被测量转换成电信号。例如,压电传感器就是利用某些材料在机械应力作用下会产生电荷的压电效应制成的,其将被测的物体压力转换成电荷,再将这些电荷转换成电压输出。另一方面,化学传感器则是以化学吸附、电化学反应等现象为因果关系的传感器,主要用于检测化学成分和气体浓度。这类传感器通常包括气敏传感器、湿敏传感器等,它们能够根据化学反应的变化来产生相应的电信号。例如,气敏传感器可以检测空气中的有害气体,当有害气体与传感器接触时,会发生化学反应并产生电流信号,从而实现对气体的检测和计量。

（3）按输出信号分类

模拟传感器是一种重要的测量工具,它可以将被测量的非电荷量转换成模拟电信号,以便进行后续的测量、分析和处理。这种转换过程通常是通过传感器内部的特殊电路或装置来实现的,这些电路或装置能够将非电学量转换成电压或电流等模拟电信号。这些模拟电信号可以通过测量仪器进行测量,从而得到被测量的具体数值。相比之下,数字传感器则是一种更为先进的测量工具,它将被测量的非电学量转换成数字输出信号,包括直接和间接转换两种方式。数字传感器通常采用高精度的传感器和高速的数字信号处理器,能够快速、准确地测量和处理被测量的数据。数字信号处理器可以将模拟信号转换成数字信号,并进行快速的数据处理和传输,从而提高了测量的准确性和效率。

(4)按材料分类

可以将传感器分为金属传感器、非金属传感器、有机材料传感器和无机材料传感器等几个主要类别。金属传感器通常由金属材料制成,如不锈钢、铜、铝等,它们通常具有高导电导热性,适用于需要高精度测量和快速响应的场合。非金属传感器则通常由非金属材料制成,如陶瓷、玻璃、橡胶等,它们通常具有高机械强度和耐腐蚀性,适用于需要高稳定性和耐久性的应用。有机材料传感器则通常由有机高分子材料制成,如聚合物等,它们具有可塑性、柔韧性和易于加工的特点,适用于需要轻量化和快速响应的场合。无机材料传感器则通常由硅、陶瓷等无机非金属材料制成,它们具有高稳定性和耐腐蚀性,适用于需要高精度和长期稳定性的应用。

2. 传感器的性能

(1)精度

在特定条件下,传感器的输出值与标准值之间的真实误差,是衡量传感器性能的关键指标。这个误差的大小直接反映了传感器的精度,也就是其测量准确性的高低。传感器的精度越高,意味着它在各种环境条件下的表现越稳定,测量结果也就越准确、越可靠。

(2)灵敏度

"传感器输出与被测量的物理量之间的比值"实际上就是指

传感器对输入信号变化的敏感程度,也就是我们通常所说的灵敏度。灵敏度越高,意味着传感器对输入信号变化的反应程度越大,也就是说,当输入信号发生微小的变化时,传感器的输出信号也会随之产生更大的变化。

(3)分辨率

分辨率是传感器的一个重要参数,它描述了传感器能检测到的最小变化量,即传感器对输入量变化的分辨能力。换句话说,分辨率越高,意味着传感器能够检测到更微小的变化。这对于许多应用来说非常重要,例如在医疗、环境监测、工业控制等领域,需要精确地感知和响应各种微小的变化。

(4)稳定性

传感器在长时间使用以及面对各种不同的环境条件下,其输出信号的稳定程度是我们需要关注的一个重要因素。稳定性,简单来说,就是指信号的变化幅度,也就是信号在一段时间内保持不变的能力。信号变化越小,说明传感器的性能越稳定,它能够提供更可靠和一致的性能。

(5)响应时间

传感器是一种非常重要的设备,它能够接收各种输入信号并产生相应的输出信号。对于传感器来说,其动态特性指标是非常重要的,因为它反映了传感器对输入信号变化后的输出信号何时达到稳定值。当传感器接收到输入信号时,它会根据信号的变化来调整自身的输出信号。如果传感器的响应时间较长,那么它可能需要花费更多的时间来适应输入信号的变化,这可能会影响系统的稳定性和精度。因此,响应时间短是传感器的一个重要优点,它能够迅速对输入信号变化做出反应,从而提高了系统的响应速度和稳定性。

(6)线性度

线性度是衡量传感器性能的一个重要指标,它描述了传感器输出量与输入量之间的实际关系曲线偏离拟合直线的程度。如果线性度不好,那么传感器的工作性能就会受到影响,可能会导致输出数据的不准确,从而影响整个系统的性能。如果线性度越好,那么传感器的性能就会更加优秀。这意味着传感器输出与输入之间的关系会更加接近线性,这样就可以简化数据处理和校准的过程。在很多应用中,线性度好的传感器可以减少误差,提高系统的精度和可靠性,从而更好地满足实际应用的需求。

(7)迟滞

"传感器在输入量由小到大(正行程)及输入量由大到小(反行程)变化期间其输入输出特性曲线不重合的现象"实际上描述的是传感器的非线性特性。当传感器在正反两个行程中,即小到大的变化和大到小的变化过程中,其输出特性曲线并不会完全重合,这表明传感器在两种不同方向上的行为是有所不同的。而"迟滞小意味着传感器在正反行程间的输出差异小"这句话,实际上是在描述传感器的迟滞特性。迟滞特性是传感器的一个重要性能指标,它反映了传感器在正反行程中,实际输出与理论输出之间的差异。如果这个差异小,也就是迟滞性小,那么传感器的性能就更加可靠,因为它能够更好地适应各种实际应用场景,尤其是在需要精确测量和控制的情况下。

（8）重复性

重复性是指传感器在输入量按同一方向进行全量程范围内的连续多次变化时，其特性曲线之间的一致性程度。这意味着在相同的条件下，传感器在多次测量同一输入量时，其输出结果应该保持相对稳定，不会出现较大的偏差。这种一致性程度越高，传感器的性能就越好。重复性好是衡量传感器性能的重要指标之一。如果传感器的重复性性能优异，那么在相同条件下对其进行多次测量时，就能够获得更加准确和一致的结果。这对于需要精确测量和控制的系统来说至关重要，例如工业自动化生产、医疗设备、环境监测等领域。此外，重复性还反映了传感器本身的稳定性和可靠性。如果传感器在长时间使用或频繁操作后仍然能够保持较高的重复性，那么说明该传感器具有较高的稳定性和可靠性，能够满足长时间使用的需求。

（9）漂移

"传感器的漂移"是一个非常重要的概念，它涉及传感器的性能和稳定性。具体来说，当传感器在输入量不变的情况下，其输出量随着时间的变化而产生波动，这就是所谓的"漂移"。这种现象的产生可能是由于传感器内部元件的老化、环境因素的变化、温度、湿度等因素的影响。如果传感器的漂移现象比较严重，那么它的输出值就会随着时间的推移而产生变化，这对于需要精确测量和控制的应用来说是非常不利的。因此，选择一款稳定性好的传感器是至关重要的。另一方面，如果传感器的漂移现象较小，那么它在长时间的工作过程中能够保持稳定的输出，这对于需要长时间连续工作的设备来说是非常有利的。这样的传感器能够更好地适应各种复杂的工作环境,并且能够提供更准确、更可靠的测量数据。

(二)传感器在地质环境监测中的应用

1.地震监测

传感器被用于监测各种活动,包括波的传播、震源位置以及震级等许多重要信息。这些数据对于预警灾害、评估灾害影响以及进行学术研究具有深远的意义。在现实生活中,传感器是一种非常重要的设备,它们能够捕捉到各种环境中的变化,并将其转化为可以被计算机系统识别的数据。在地震学领域,传感器被广泛用于监测地震活动,因为地震活动会产生各种波,如地震波、声波等,这些波的传播速度和特征可以被传感器捕捉到,从而为我们提供有关地震活动的宝贵信息。这些信息对于地震预警、灾害评估以及地震学研究具有无可替代的价值。通过这些数据,我们可以更好地了解地震的成因、预测地震的发生、评估地震的影响以及开展相关研究,从而为人类应对地震灾害提供更好的支持。

2.地下水监测

水位传感器和水质传感器是监测地下水的重要工具。可以实时监测地下水的水位、水温、水质等参数,为评估地下水资源量、水质状况以及地下水开采对地质环境的影响提供重要依据。

水位传感器可以实时监测地下水的水位变化,帮助我们了解地下水的储量和流动情况。通过定期监测水位变化,我们可以了解地下水的动态变化趋势,为水资源管理提供重要参考。水质传感器可以检测水中各种化学成分和微生物数量,评估水质状况。水质的好坏直接影响到地下水的可用性和健康状况,因此监测水质参数对于保障地下水质量至关重要。通过定期监测水质参数,我们可以及时发现水质变化,采取相应的措施进行治理和保护。此外,地下水开采对地质环境的影响也需要我们关注。开采地下水可能导致地下水位下降、地面塌陷等问题,对地质环境造成不良影响。因此,监测地下水的开采情况,评估其对地质环境的影响,对于合理利用地下水资源、保护地质环境具有重要意义。

3. 滑坡监测

位移传感器、倾角传感器和土壤湿度传感器等设备,是监测滑坡体的重要工具。这些设备能够实时监测滑坡体的位移、倾斜角度和土壤湿度等参数,为我们的预警系统提供重要的数据支持。通过这些数据的收集和分析,我们可以更准确地预测滑坡的发生,评估滑坡的风险程度,从而制定出更有效的防治措施。这样,我们就可以在滑坡发生前做好防范工作,避免其带来的损失;在滑坡发生时及时应对,减少人员伤亡和财产损失;在滑坡结束后,也能及时总结经验,为今后的防治工作提供参考。因此,这些位移传感器、倾角传感器和土壤湿度传感器等设备,是我们监测滑坡体、预防和应对滑坡的重要工具,也是我们保护人民生命财产安全的重要保障。我们应该积极推广和应用这些设备,提高我们的防灾减灾能力,为我们的社会安全和稳定做出更大的贡献。

4. 岩石应力监测

应力传感器是一种非常重要的工具,它被广泛应用于监测岩石内部的应力变化,以帮助我们更好地了解地壳运动和地质构造的稳定性。这种监测对于预测未来的地质事件、矿山安全以及地质工程都具有极其重要的意义。通过使用应力传感器,我们可以更准确地预测地质灾害的发生。地壳运动是不可避免的,但通过监测岩石内部的应力变化,我们可以及时发现可能引发灾害的因素,从而采取相应的预防措施,减少灾害的发生。这对于保护人民生命财产安全,维护社会稳定具有重大意义。应力传感器的应用也直接关系到矿山的安全生产。在矿山开采过程中,岩石内部的应力变化可能会引发山体滑坡、地面塌陷等事故。通过实时监测,我们可以及时发现这些潜在的危险因素,并采取相应的措施,确保矿工的生命安全和矿山生产的安全进行。应力传感器在地质工程中也发挥着重要的作用。在地质工程中,我们需要了解地质构造的稳定性,以便进行合理的工程设计和施工。通过使用应力传感器,我们可以获取岩石内部应力的实时数据,为地质工程提供重要的参考依据。

5. 地面沉降监测

沉降传感器是一种重要的地质监测工具,其主要作用是测量地面的沉降量。通过监测地面沉降量,我们可以更深入地了解地下资源开采、地下工程建设和地面荷载等因素对地质环境的影响。这些因素不仅会影响到地面的稳定性,还可能对地质环境造成不可逆转的损害。在城市规划过程中,了解地质环境的变化是非常重要的。通过监测沉降量,我们可以及时发现潜在的地质问题,并采取相应的预防措施,避免潜在的地质灾害对城市发展造成影响。

此外,在基础设施建设过程中,了解地质环境的变化也有助于制定更加科学合理的施工方案,确保工程的安全性和稳定性。同时,沉降传感器在地质环境保护中也发挥着重要作用。通过对地质环境的监测,我们可以及时发现地质环境的变化趋势,并采取相应的保护措施,避免地质环境进一步恶化。这对于保护珍贵的地下资源、维护生态平衡和促进可持续发展具有重要意义。

6.火山监测

火山监测的传感器通常被用于监测火山的一些关键参数,如温度变化、气体排放和火山口声音等。这些数据对于预测火山喷发的时机、规模和影响范围具有极其重要的作用。在火山灾害预警和应对方面,这些数据可以提供重要的依据。一旦火山喷发预警系统检测到异常数据,相关机构可以立即采取相应的应对措施,以减少人员伤亡和财产损失。此外,这些数据还可以用于研究火山喷发的机制和规律,为未来的火山灾害预警和应对提供更科学、更有效的手段。

二、基于传感器的地质环境系统要素监测方法

(一)地表形变的监测

基于传感器进行地表形变监测是一项综合性且技术性极强的任务,它深度依赖于精确而可靠的传感器技术来捕捉地表的微小变化。在进行监测之前,我们需要全面考虑监测的目标、所处的地理环境以及项目的经济成本。这些因素将直接决定我们选择哪种

类型的传感器。例如,全站仪适用于需要高精度测量的场景,GPS则能提供广域的定位信息,而倾角仪则专注于测量物体的倾斜角度。在确定了传感器类型之后,接下来的关键步骤是将这些传感器精准地布设在监测区域的关键位置。这些位置的选择是基于它们能够最大程度地反映地表形变的特点和规律,从而确保我们能够全面、准确地捕捉到地表形变的数据。无论是由于自然因素还是人为活动引起的地表形变,这些传感器都能够实时地记录下来。数据采集是整个监测过程的核心环节。传感器会按照一定的频率和格式,不断地收集和传输地表形变的数据。这些数据包括但不限于位移、倾斜等关键参数,它们能够真实地反映出地表形变的情况和趋势。然而,由于各种内外因素的影响,采集到的数据可能会包含一些干扰和误差。为了保证数据的准确性和可靠性,我们需要对这些数据进行预处理,如滤波、去噪等操作,以消除这些不利因素。通过这种方式,我们可以实现对地表形变的持续、实时监测。这种监测不仅具有高度的精确性和实时性,而且能够为地质环境监测、灾害预警和应对等提供重要支持。例如,在地震、滑坡等地质灾害频发的地区,通过地表形变监测可以及时发现潜在的风险和隐患,从而采取有效的防范措施来减少损失。同时,这种基于传感器的地表形变监测方式还具有灵活性和可扩展性。根据实际需求的变化,我们可以随时调整传感器的布设和数据采集策略。无论是增加传感器的数量还是改变它们的位置,都能够轻松地实现。这使得这种监测方式能够适应各种复杂和多变的环境条件,为地表形变的研究和防治提供更为全面和深入的支持。

（二）地下水的监测

以传感器为基础对地下水进行监测的方法是一种综合性的技术手段，它首先依赖于选择适当的传感器来捕捉地下水关键参数的变化，一旦确定了传感器类型，它们会被安装在地下水井或监测点中，以确保能够准确、实时地测量地下水的状态。安装完成后，传感器会开始连续地采集地下水数据，如水位高度、水质指标、温度等，并通过有线或无线方式将这些数据传输到数据采集系统或数据中心。在数据中心，专业的软件和处理算法会对这些原始数据进行处理，包括数据清洗、校准、转换等步骤，以确保数据的准确性和一致性。处理后的数据会进一步被分析，利用统计方法、模型预测等手段来揭示地下水的动态变化规律、趋势和可能存在的问题。基于这些分析结果，可以设定预警阈值，并在地下水参数超出预设范围时及时发出预警，以便相关部门能够迅速响应并采取必要的措施。整个监测过程不仅提供了对地下水当前状态的实时了解，还为地下水资源的长期管理、环境保护、灾害预防等方面提供了有力的数据支持和决策依据。通过这种方法，我们能够更加科学、有效地保护和利用地下水资源，确保其可持续性和生态安全。

（三）地质灾害的预警

以传感器为基础对地质灾害进行监测是一种先进的技术手段，它通过部署各种类型的传感器来实时捕捉和记录与地质灾害相关的各种参数变化。一旦这些传感器被精确地安装在潜在的地质灾害区域，如滑坡体、岩崩区、地面沉降区等，它们就能够连续不断地采集数据,并通过无线或有线方式实时传输到数据中心。在数据中心,专业的软件和处理算法会对这些原始数据进行处理和分析,提取出有用的信息,如位移速率、倾斜角度变化、振动频率等。基于这些分析结果,可以评估地质灾害的发生概率、危险程度和可能的影响范围。如果监测到某些参数超过了预设的安全阈值,系统会立即发出预警信息,以便相关部门和人员能够迅速采取应对措施,减少灾害带来的损失。通过以传感器为基础的监测方法,我们不仅能够实时了解地质灾害的动态变化,还可以及时发现潜在的灾害隐患,为灾害预警和防治提供有力的技术支持。这种方法在保护人民生命财产安全、维护社会稳定和促进可持续发展等方面发挥着重要作用。

(四)生态环境的监测

以传感器为基础对生态环境进行监测是一种综合性的技术手段,它通过利用多种类型的传感器实时采集和分析环境中的各种参数,从而全面了解生态环境的状况和动态变化。这些传感器可能包括空气质量传感器、水质传感器、土壤传感器、气象传感器、生物传感器等,具体取决于所要监测的生态环境类型和目标。这些传感器被精确部署在关键的环境监测点,如自然保护区、水源地、污染排放口等,它们能够连续不断地采集各种环境参数,如温度、湿度、光照、风速、气压、pH 值、溶解氧、化学需氧量等,并通过无线或有线方式实时传输到数据中心。在数据中心,专业的软件和处理算法会对这些原始数据进行处理和分析,提取出有用的环境信息,并生成各种报告和图表。基于这些分析结果,可以评估生态环境的健康状况、污染程度、生态恢复效果等,及时发现潜在的环境问题和风险,为环境保护和管理提供有力的数据支持和决策依据。此外,通过与其他监测手段的结合,如遥感监测、地理信息系统等,可以形成全方位、多层次、立体化的生态环境监测网络,更加全面、准确地了解生态环境的状况和变化趋势。这种监测方法在生态环境保护、污染控制、资源合理利用等方面发挥着重要作用,有助于实现人与自然的和谐共生。

第三节　监测数据的远程在线自动传送

一、远程在线自动传送技术概述

远程在线自动传送技术是一种综合性的数据传输解决方案,它基于现代通信原理,通过传感器实时采集所需的各种数据,如温度、湿度、压力、流量等。这些数据随后被数据转换器转换为适合网络传输的格式,如数字信号。接着,利用通信模块,这些数据被打包并通过有线或无线方式发送到远程的服务器。在传输过程中,数据会经过多个网络节点,如路由器、交换机或基站,这些设备共同确保数据能够稳定且高效地传输到目标位置。到达远程服务器后,接收设备会对接收到的数据进行解包、解密和验证操作,以保障数据的完整性和安全性。一旦数据成功通过验证,它会被安全地存储到数据库中,以供后续的处理、分析和应用。通过这种技术,实现了数据的实时采集、自动化传输和远程访问,为环境监测、工业自动化、智能家居等众多领域提供了便捷、高效的数据支持,促进了信息化和智能化的发展。

二、基于远程在线自动传送技术的地质环境监测优势与局限

(一)远程在线自动传送技术的优势

1. 实时性监测

通过远程在线自动传送技术,地质环境监测系统赋予了监测人员前所未有的能力:实时采集、传输和处理数据。这一技术的运用,意味着监测人员现在能够几乎实时地掌握地质环境的最新动态,包括地质结构的微妙变化、地下水位的波动情况,乃至土壤的微小移动等关键参数。这种即时性在多个方面展现出其不可或缺的价值。在地质灾害预警方面,实时监测数据的迅速获取对于早期发现潜在的地质灾害风险至关重要。例如,通过监测地下水位和土壤移动的异常变化,可以及时发现地面沉降、滑坡或岩溶塌陷等灾害的先兆,从而迅速采取必要的防范措施,保护人民生命财产安全。在地质资源评估方面,实时数据提供了对矿产资源、水资源等地质资源的动态变化情况的深入了解。这使得资源管理者能够根据最新数据进行科学的资源评估和开发规划,确保资源的可持续利用。在制定应对措施方面,实时数据的获取为决策者提供了宝贵的信息支持。无论是应对突发地质灾害还是进行长期地质环境保护规划,都需要准确、及时的数据作为决策依据。远程在线自动传送技术提供的实时数据正是这一需求的完美满足,它使得决

策者能够在第一时间获取关键信息,迅速做出科学、合理的决策。

2. 自动化和智能化

基于远程在线自动传送技术的地质环境监测系统实现了数据采集、传输、处理和分析的自动化和智能化,这是该技术最显著的优势之一。通过高度集成的传感器网络和数据处理系统,这一技术使得复杂的地质环境监测过程变得更为简便和高效。在数据采集方面,系统能够自动调整传感器参数,以适应不断变化的地质环境。这种自适应能力确保了数据的准确性和实时性,同时减少了人工干预的需求。数据传输也是自动进行的,通过无线通信或卫星传输技术,数据可以实时、安全地传送到远程服务器,保证了信息的及时性和可用性。在数据处理和分析方面,该系统具备强大的智能算法和模型,能够自动处理数据异常、进行数据挖掘和模式识别。这意味着系统可以自动识别和过滤掉错误或无效的数据,提高了数据的质量和可靠性。同时,系统还能根据预设的规则和算法生成报告和警报,为监测人员提供有价值的信息和决策支持。更进一步的是,该系统可以根据预设的规则进行自动决策。这意味着在某些情况下,系统可以自主判断是否需要采取行动,如触发警报、调整传感器参数或启动应急响应程序等。这种自动化决策能力大大提高了监测系统的响应速度和应对能力,降低了人为决策可能带来的延误和风险。

3. 可持续性和长期监测

基于远程在线自动传送技术的地质环境监测系统以其长时间稳定运行和持续提供数据流的能力,为地质环境监测领域带来了革命性的变革。这一系统的稳定性和持久性确保了监测数据的连续性和可靠性,为长期监测地质环境的变化提供了有力支持。通过持续收集和分析地质数据,科学家们能够更深入地了解地质过程的演变规律,从而更准确地预测地质灾害的发生、评估矿产资源的储量以及制定科学合理的土地利用规划。这种长期监测的能力对于保护生态环境、维护社会经济的可持续发展具有重要意义。此外,基于远程在线自动传送技术的地质环境监测系统还具有良好的兼容性和扩展性。它可以与其他地理信息系统(GIS)和遥感技术无缝集成,实现多源数据的融合和共享。通过将监测数据与地理信息数据和遥感影像相结合,可以生成更丰富的地质信息图层,为地质环境监测提供更全面、更直观的数据支持。

(二)存在的问题

1. 技术依赖性和成本

这种监测系统确实高度依赖于先进的技术设备,其中涵盖了高精度的传感器、数据传输设备以及数据处理软件等关键组件。这些高精尖的设备不仅能够准确捕捉地质环境的细微变化,还能确保数据的实时传输和高效处理。然而,与此同时,这些设备的采购、维护和更新也伴随着相当的成本投入。特别是在需要进行大规模部署时,成本问题变得尤为突出。不仅要考虑设备本身的价格,还要顾及安装、调试、运维以及后期升级等一系列费用。此外,随着技术的不断进步和设备的更新换代,还可能面临设备兼容性和技术更新的问题,这也会进一步增加成本投入的复杂性和不确定性。因此,在实施基于远程在线自动传送技术的地质环境监测系统时,需要充分考虑成本因素,制定合理的预算和规划,以确保项目的可行性和长期稳定运行。

2. 通信网络的稳定性

数据传输的可靠性和实时性在基于远程在线自动传送技术的地质环境监测系统中是至关重要的。这两个方面很大程度上取决于通信网络的稳定性。然而,在偏远或地形复杂的地区,通信网络往往会面临诸多挑战,如信号干扰、覆盖不足等问题,这些都可能严重影响数据的正常传输。信号干扰可能来源于多种因素,包括自然现象(如雷电、太阳耀斑)和人为因素(如其他无线通信设备、电力线路等)。这些干扰可能导致数据传输中断或数据损坏,进而降低传输的可靠性。同时,偏远或地形复杂地区的通信网络覆盖往往较为有限,这可能导致数据传输速度减慢或出现传输盲区,从而影响数据的实时性。

3. 数据安全和隐私保护

在基于远程在线自动传送技术的地质环境监测中,数据安全与隐私保护的确是至关重要的环节。由于监测数据可能涉及矿产资源分布、地质灾害风险以及其他敏感地质信息,这些数据一旦泄露或被滥用,可能对国家安全、经济利益以及公众安全造成严重影响。为了确保数据的安全存储和传输,必须采取一系列有效的加密和安全措施。首先,在数据传输过程中,应使用强加密协议来保护数据免受未经授权的访问和拦截。同时,数据存储系统也应采用先进的加密技术,确保即使数据被盗取,攻击者也无法轻易解密和利用这些数据。除了加密措施外,还应实施严格的访问控制和身份认证机制。只有经过授权的人员才能访问敏感数据,而且他们的每一次访问都应被详细记录和审计。此外,定期的安全漏洞评估和渗透测试也是必不可少的,以便及时发现和修复潜在的安全隐患。在隐私保护方面,应遵循相关的法律法规和政策要求,确保个人和企业的隐私信息不被泄露和滥用。对于涉及个人隐私的数据,应进行适当的脱敏处理或匿名化处理,以减少数据泄露的风险。

第二章 地质环境监测的主要对象

第一节 土壤环境监测

一、土壤环境监测技术概述

(一)传统土壤环境监测方法

1. 重量法

重量法是一种传统的土壤环境监测方法。重量法通常是通过对待测组分进行分离、干燥、称重等步骤来测定其在土壤样品中的含量。这种方法的优点在于操作相对简便,不需要复杂的仪器设备和专业的操作人员。然而,重量法也存在一些明显的缺点,其中最突出的是精度和灵敏度较低。由于土壤是一个复杂的生态系统,其中包含的物质种类繁多,含量差异巨大,因此重量法往往难以准确测定低浓度组分的含量。此外,重量法还容易受到环境因素和操作条件的影响,如温度、湿度、干燥时间等,从而导致测定结果的偏差和不稳定性。

2. 滴定法

滴定法是土壤环境监测中另一种传统的方法,它通过滴定标准溶液来确定土壤样品中某些组分的含量。这种方法基于化学反应的定量关系,通常涉及将一种已知浓度的试剂(滴定剂)加入含有待测组分的土壤样品溶液中,直到反应完成,即达到所谓的滴定终点。滴定终点的确定可以通过颜色变化、电位变化或其他指示剂的变化来实现。滴定法的优点包括操作相对简单、设备要求不高、可以快速得到结果等。然而,与重量法类似,滴定法在精度和灵敏度方面也存在一些限制。由于滴定过程中可能受到多种因素的影响,如滴定剂的浓度、滴定速度、搅拌情况、指示剂的选择和滴定终点的判断等,这些因素都可能导致测定结果的偏差。

3. 化学分析法

化学分析法是一种在土壤环境监测中广泛使用的传统方法。化学分析法利用特定的化学试剂和仪器设备对土壤样品中的各种成分进行定性或定量分析。通过选择合适的化学反应和方法,可以准确测定土壤中的多种指标,如 pH 值、有机质含量、全氮、全磷等。化学分析法的优点在于测定精度高,结果可靠。通过精确控制反应条件和使用高灵敏度的仪器设备,可以获得准确的测定结果。此外,化学分析法还可以对多种组分进行同时分析,提供综合的土壤环境信息。

4. 光谱法

光谱法确实是土壤和环境科学中一种重要的分析方法。正如您所述,光谱法利用物质与光相互作用时的吸收、发射或散射等性质来进行分析。不同的光谱区域(如紫外-可见光谱、红外光谱、近红外光谱等)可以提供关于土壤样品中不同化学成分的信息。

在土壤环境监测中,光谱法的应用非常广泛。例如,紫外-可见光谱法可以用于测定土壤中的某些有机物质,如腐殖质和其他发色团;红外光谱法则可以提供土壤中矿物成分、有机官能团以及土壤结构的信息;近红外光谱法则被广泛应用于土壤中的水分、有机质、氮、磷等多种成分的快速测定。

(二)土壤环境监测的内容

1. 土壤背景值调查

通过调查未受污染和受污染较少的土壤,我们可以获取关于土壤元素背景含量水平和变化的宝贵信息。这些数据构成了评估土壤污染程度的重要基准,并为我们制定土壤环境质量标准提供了坚实基础。没有这些信息,我们将难以准确判断土壤是否受到污染,以及污染的程度如何。此外,了解土壤元素的自然背景值对于设定合理的环境质量标准也至关重要,这有助于确保我们的土壤资源得到妥善保护,同时维护人类健康和生态系统的完整性。因此,这种调查工作是土壤环境保护和污染防治不可或缺的一部分。

2. 土壤污染事故监测

在发生由企业违规排放、化学品泄漏等导致的土壤污染事故时,应急监测显得尤为关键。这种监测迅速响应,旨在确定事故中释放的污染物的具体种类,测量其在土壤中的浓度水平,并查明污染物的扩散和分布范围。通过这些数据,可以迅速评估污染对土壤环境、地下水资源以及周边生态系统的直接和潜在影响。应急监测的结果为决策者提供了宝贵的信息,使他们能够根据实际情况制定并采取有效的应对措施,如启动紧急预案、进行污染控制、实施土壤修复等,从而最大限度地减轻污染事故对环境和公众健康造成的危害。

3. 土壤环境质量现状监测

对土壤中的各种污染物进行定期或不定期监测,是掌握土壤环境质量现状的重要手段。这种监测工作涵盖了土壤中的多类有害物质,包括重金属、有机污染物以及农药残留等。通过精确测量这些物质的含量水平,我们能够评估土壤受污染的程度,并进一步分析其对人类健康和生态系统的潜在影响。重金属如铅、汞、镉等,即使在低浓度下也可能对人体健康产生严重影响,特别是对儿童等敏感人群。有机污染物如多氯联苯、多环芳烃等,具有持久性和生物累积性,对生态系统和食物链构成长期威胁。而农药残留则可能通过食物链进入人体,对健康造成潜在风险。

4. 污染物土地处理的动态监测

对采用不同处理方法和技术进行土壤修复的土地进行动态监测,是确保土壤修复工程有效性和安全性的重要环节。这种监测不仅关注污染物的去除效果,还涉及土壤理化性质的变化以及修复后土壤的环境质量。在监测污染物的去除效果方面,通过定期采集土壤样品并进行分析,可以追踪污染物浓度的变化,从而评估修复技术的效果。这有助于确定哪些修复方法更为有效,哪些可能需要调整或优化。同时,监测土壤理化性质的变化也是至关重要的。土壤修复过程可能会改变土壤的 pH 值、有机质含量、土壤结构等,这些变化都可能影响到土壤的功能和生态系统的健康。因此,通过监测这些指标,可以及时发现潜在问题并采取相应的调整措施。

二、人工智能在土壤环境监测中的应用

(一)土壤数据采集与分析

人工智能通过传感器等先进设备能够实时采集土壤环境中的关键数据,包括温度、湿度、pH值和养分含量等多样化信息。这些数据的即时获取为深入了解土壤的健康状况提供了有力依据。通过对这些详细数据的精准分析,我们可以评估土壤的肥力水平,这是农业生产中至关重要的一环,因为土壤肥力直接影响着作物的生长和产量。同时,这种数据分析还有助于及时发现土壤可能存在的污染问题,如重金属超标或有害物质的积累,从而能够迅速采取应对措施,防止污染扩散。更为重要的是,利用机器学习算法,人工智能能够对这些土壤数据进行深度挖掘和趋势预测。机器学习算法的强大之处在于它们能够从海量数据中提取出有价值的信息,并通过自我学习和不断优化来提高预测的准确性。这意味着人工智能不仅能够告诉我们土壤当前的状况,还能够预测其未来的变化趋势,从而为农业生产和环境保护提供强有力的决策支持。例如,农民可以根据这些预测数据来调整种植计划或施肥策略,而环保部门则可以据此制定更为精准的土壤保护政策。

(二)土壤污染监测与预警

人工智能技术在土壤环境监测领域具有显著的优势,尤其是当它与遥感技术、地理信息系统等相结合时。这种综合性的应用使得对土壤污染进行大范围、高精度的监测成为可能。遥感技术,尤其是卫星和无人机遥感,能够迅速覆盖广阔的区域,提供高分辨率的土壤图像和数据。人工智能算法可以对这些海量的遥感数据进行高效处理和分析,自动识别出土壤中的污染物,如重金属、化学物质、油污等。同时,地理信息系统(GIS)提供了强大的空间数据分析能力,帮助确定污染物的分布范围、扩散路径和潜在风险区域。通过对土壤污染物的识别和量化分析,人工智能系统能够及时发现污染源,并发出预警信号。这种及时的响应对于防止污染的扩散和恶化至关重要,因为它允许相关部门迅速采取应对措施,如隔离污染源、启动应急处理机制等。此外,人工智能技术在土壤污染诊断和评估方面也发挥着重要作用。传统的土壤污染评估方法通常耗时且成本高昂,而人工智能算法能够在短时间内对大量数据进行处理和分析,提供快速且准确的污染诊断和评估结果。这些结果不仅可以为污染治理提供科学依据,还有助于制定更为精准和有效的土壤修复方案。

(三)土壤环境自动化管理

人工智能技术在土壤环境管理方面的应用,确实可以实现高度的自动化和智能化。以智能灌溉系统为例,该系统能够利用土壤湿度传感器实时监测土壤湿度,并结合作物的水分需求,通过先进的控制算法自动调整灌溉量。这样不仅可以确保作物获得所需的水分,还能有效避免过度灌溉造成的水资源浪费和土壤盐碱化问题。同样,智能施肥系统也是人工智能技术在土壤环境管理中的一个重要应用。该系统可以通过土壤养分传感器实时监测土壤中的氮、磷、钾等关键养分含量,并根据作物的生长阶段和养分需求,智能地调整施肥量和施肥时机。这不仅可以提高施肥的精准度和作物的产量,还能有效避免过量施肥导致的土壤污染和养分失衡问题。

三、基于人工智能的土壤环境监测优势与局限

(一)实时性与高效性

人工智能技术能够实时收集和处理土壤环境数据,包括温度、湿度、pH 值、养分含量等关键参数,这种实时性的监测对于及时发现土壤环境的变化和问题至关重要。通过持续、不间断的数据收集,人工智能系统能够捕捉到土壤环境的细微变化,这些变化可能是土壤退化的早期迹象、污染物泄漏的警示,或是作物生长条件变化的反映。实时数据的获取为快速决策提供了有力支持,因为管理者可以根据最新信息迅速做出反应,比如调整灌溉计划、更改施肥策略或启动应急响应措施。此外,人工智能技术的自动化数据处理和分析能力极大地提高了工作效率。传统的土壤环境监测方法往往涉及大量的人工采样、实验室分析和数据整理工作,这些过程既耗时又易出错。而人工智能技术能够自动完成数据清洗、整理、分析和解读等一系列工作,不仅速度快、准确性高,而且能够处

理海量数据,揭示出隐藏在数据中的模式和趋势。这种高效的数据处理能力使得土壤环境监测更加便捷、精准,为土壤保护和农业生产提供了强有力的支持。

(二)准确性与可靠性

基于机器学习和深度学习算法的人工智能技术在土壤环境监测领域展现出了其强大的能力。这些技术能够对海量土壤环境数据进行深度挖掘和精准分析,从中提取出有价值的信息和模式。通过对这些数据的处理,人工智能系统能够有效识别土壤污染、退化等复杂问题,如重金属超标、有机物污染或土壤结构的恶化等。不仅如此,人工智能技术还能提供准确的预警和预测。通过对历史数据的学习和模型的训练,系统能够预测未来土壤环境的变化趋势,及时发现潜在风险并发出预警。这种预警和预测功能对于防止土壤问题的恶化和扩散至关重要,它允许相关部门及时采取必要的措施,保护土壤资源的安全和可持续利用。这种准确性与可靠性为土壤环境保护和治理提供了坚实的科学依据。传统的土壤监测方法往往受到人为因素、采样误差和分析方法限制等影响,而基于人工智能的技术则能够消除这些干扰,提供更加客观、准确的结果。这使得决策者能够基于可靠的数据做出科学的决策,推动土壤环境保护和治理工作的有效实施。

(三)智能化与自动化

人工智能技术为土壤环境监测带来了智能化和自动化的管理方式,极大地提升了管理效率和精细化水平。智能灌溉系统可以实时监测土壤湿度并根据作物需求自动调整灌溉量,确保作物得到恰到好处的水分供应,同时避免过度灌溉造成的水资源浪费和土壤盐碱化问题。类似地,智能施肥系统能够根据土壤养分含量和作物生长状况智能地调控施肥量,实现精准施肥,既满足了作物生长所需的营养,又防止了过量施肥导致的土壤污染和资源浪费。这种智能化与自动化的管理方式不仅提高了资源利用效率,还有助于减少环境污染,推动农业生产向更加绿色、可持续的方向发展。同时,由于大量烦琐的监测和管理任务被自动化取代,人力成本得以降低,工作人员可以将更多精力投入到策略制定和优化等更高层次的工作中。因此,人工智能技术在土壤环境监测领域的应用,不仅提升了管理的智能化和自动化水平,还为农业生产的环境友好性和经济效益提供了有力保障。

(四)可视化与交互性

基于人工智能技术的土壤环境监测平台,在数据可视化方面展现出了强大的功能。这类平台能够高效地处理和解析大量土壤环境数据,并通过图表、地图等直观形式将复杂的数据转化为易于理解的可视化信息。用户可以通过这些可视化工具迅速获得土壤湿度、温度、pH 值、养分含量等关键参数的实时分布和历史变化趋势,从而准确判断土壤环境的当前状态和可能存在的问题。同时,这些平台还提供了丰富的交互功能,使用户能够根据自身需求进行个性化设置。例如,用户可以根据特定作物的生长需求或土壤保护标准设置预警阈值,一旦监测数据超过或低于这些阈值,平台将自动触发预警机制,及时通知用户采取相应措施。此外,用户还可以根据监测目的和重点关注的参数调整监测频率、数据精度等，确保监测结果更加符合实际需求。

（五）局限性与挑战

1. 数据质量和完整性

人工智能技术的准确性和可靠性确实高度依赖于输入数据的质量和完整性。土壤环境数据，作为人工智能技术进行分析和预测的基础，其精确性、全面性和一致性对模型输出结果具有决定性影响。如果数据中存在误差、缺失或不一致性，这些问题会直接在人工智能模型的预测和分析结果中反映出来，可能导致结果的偏差、误判或漏报。例如，如果土壤湿度数据由于传感器故障而长时间未更新，模型可能无法准确预测土壤的干旱风险；如果土壤养分数据在不同采样点之间存在较大差异，而未经适当处理，模型可能难以准确评估作物的营养需求。这些情况都可能影响农业生产决策的科学性和有效性。

2. 技术应用难度

人工智能技术在土壤环境监测领域的应用确实需要跨学科的专业知识和技术支持。土壤环境监测不仅涉及数据的收集和处理，更重要的是对数据的科学解释和应用，这要求从业者具备土壤学、农学、环境科学等相关领域的知识背景。对于缺乏专业技术和经验的地区或用户来说，人工智能技术的引入可能会带来一系列挑战。首先，他们可能需要额外的培训和学习来掌握相关的专业知识和技能，以便能够正确地使用和维护监测设备，以及准确地解读和分析监测数据。其次,他们可能需要聘请或咨询专业的技术人员来提供必要的支持和指导,这无疑会增加技术应用的成本。此外,由于土壤环境的复杂性和多变性,人工智能模型的应用也需要不断进行验证和调整,以确保其预测和分析结果的准确性和可靠性。这同样需要一定的专业知识和技术支持,对于非专业人士来说可能会增加应用的难度。

3. 监测设备的依赖

基于人工智能的土壤环境监测系统高度依赖于传感器和监测设备来获取实时、准确的数据。这些设备通常部署在野外或农业生产现场,长期暴露于各种复杂多变的环境条件中。因此,它们的性能和稳定性不可避免地会受到多种环境因素的影响。例如,极端温度或湿度变化可能导致传感器读数偏差,电磁干扰可能影响数据传输的稳定性,而物理损坏或老化则可能导致设备故障。这些问题都可能直接影响到土壤环境监测数据的准确性和可靠性,进而影响到基于这些数据的人工智能分析和预测结果的准确性。此外,传感器和监测设备的维护和更新也是一个不容忽视的问题。定期的设备校准、清洁、维修以及软件更新都需要投入一定的人力和物力资源。如果维护不当或更新不及时,设备可能会出现性能下降、数据偏差甚至完全失效的情况。

4. 隐私和安全问题

土壤环境监测作为一个综合性的系统工程,确实涉及大量的地理信息和农业数据,这些数据对于农业生产、环境保护乃至国家安全都具有重要意义。然而,在数据的传输、存储和处理过程中,隐私和安全问题确实不容忽视。在数据传输环节,由于土壤环境监测数据通常需要通过无线网络或互联网进行远程传输,如果缺乏足够的加密和安全防护措施,数据可能在传输过程中被截获或篡改。这不仅可能导致数据泄露,还可能对后续的数据分析和决策造成误导。在数据存储环节,如果数据中心的物理安全和网络安全措施不到位,或者数据存储和管理制度不健全,就可能导致数据被非法访问、拷贝甚至删除。一旦发生这种情况,不仅数据的完整性和可用性会受到影响,还可能引发更严重的法律和伦理问题。在数据处理环节,如果数据处理和分析系统存在安全漏洞或配置不当,就可能被恶意攻击者利用,导致数据泄露或系统崩溃。此外,如果数据处理人员缺乏必要的职业道德和保密意识,也可能导致数据的滥用和泄露。

第二节 水环境监测

一、水环境监测技术概述

(一)传统水环境监测方法

1. 采样分析法

这是常用的水质监测方法之一,即采样分析法。这种方法综合了水样采集、样品处理以及分析测试等多个重要环节。在此过程中,专业人员负责采集水样,并在实验室环境中对各项指标进行细致入微的分析和检测。由于这种方法的科学性和严谨性,它能够提供相对准确和可靠的水质数据,这些数据对于深入研究水体中污染物的种类以及浓度水平具有不可或缺的重要作用。通过采样分析法,我们可以更好地了解水体的污染状况,为制定相应的环境保护和治理措施提供有力支持。

2. 化学法

这些方法,包括重量分析法和滴定分析法,是水质监测中经典且常用的分析方法。滴定分析法,特别是,通过精确的滴定操作来确定待测物质的含量,具有准确度高、操作简便等特点。在国内外环境水质监测领域,这些方法被广泛采用,为评估水体的污染程度、了解污染物的种类和浓度提供了重要依据。这些经典的分析方法不仅历史悠久,而且在现代水质监测中仍然发挥着不可替代的作用。

3. 仪器分析法

仪器分析法是水质检测中另一种常用的方法。这种方法利用各种先进的仪器对水质进行高效、准确的分析和检测。其中,分光光度法和色谱法是最为常见和重要的技术。分光光度法基于物质对光的吸收特性,通过测量被测物质在特定波长或波长范围内的光吸收度,可以对其进行定性和定量分析。这种方法灵敏度高、选择性好,因此在水质监测中得到广泛应用。色谱法则是一种分离和分析复杂混合物的方法,它根据物质在固定相和流动相之间的分配系数差异,将不同物质分离出来,并通过检测器进行定量测定。这种方法分辨率高、分析速度快,特别适用于水质中多种有机污染物的同时分析。仪器分析法的优点在于其高效、准确和自动化程度高,能够大大提高水质检测的效率和准确性。随着科技的不断发展,仪器分析法在水质监测领域的应用也将越来越广泛。

4. 电化学分析法

电化学分析法是根据物质的电化学性质所建立的一种分析方法,它在水质检测和环境分析中占据着重要的地位。这种方法主要涵盖了电位分析法、电导分析法和电解分析法等技术手段。通过这些方法,我们能够快速、准确地测定水样中特定物质的含量和种类,进而评估水体的污染状况和水质情况。电化学分析法的优势在于其灵敏度高、选择性好、操作简便且易于实现自动化,因此在现代水质监测和环境保护领域得到了广泛应用。

(二)现代水环境监测技术

1. 遥感技术

遥感技术利用不同物体对电磁波、声波、重力场等的独特辐射特性,实现了非接触式的信息获取。在水环境监测领域,这种技术展现出了巨大的潜力。它能够对大面积的水域进行迅速且高效的监测,从而获取关键的水质参数以及污染物的分布情况。这些数据对于评估水体的健康状况、制定环境保护策略以及应对突发污染事件至关重要。遥感技术的应用不仅提高了水环境监测的效率和准确性,还为我们提供了更全面、更宏观的水环境视图,有助于我们更好地理解和保护水资源。

2. 生物传感技术

生物传感技术利用生物物质(如酶、抗体、微生物、细胞等)对特定污染物的敏感性,通过生物识别元件与目标污染物之间的相互作用,将污染物的浓度转换为可测量的电信号进行监测。这种技术具有灵敏度高、选择性好、响应速度快等诸多优点,能够实现水环境中污染物的实时监测。生物传感器可以快速、准确地检测出水样中的有毒有害物质,如重金属离子、有机污染物、生物毒素等,为水质监测和评估提供了强有力的工具。同时,生物传感技术的发展也推动了水环境监测技术的进步和创新。

3. 理化监测技术

这些技术,包括水质监测仪、分光光度计、液/气相色谱-质谱联用等,构成了现代水环境监测的重要工具。它们能够精确地测定水样或底泥中的各项物理化学指标,如水温、pH 值、电导率、溶解氧、重金属含量、有机农药残留等。通过这些详细的水质数据,我们可以全面评估水体的健康状况,及时发现潜在的污染源,并制定相应的治理措施。然而,这些技术也存在一定的局限性,例如需要昂贵的仪器设备和烦琐的样品预处理过程。尽管如此,它们在水环境监测领域的应用仍然不可替代,为保障水资源的安全和可持续利用提供了有力的技术支撑。

4. 水质自动监测技术

水质自动监测技术代表了现代水环境监测领域的重要发展方向,它集成了多种先进的技术手段,形成了一个高效、连续的水质监测系统。水质自动监测系统的核心是自动分析仪器,这些仪器能够自动完成水样的采集、预处理、分析和数据存储等步骤。系统还运用了现代传感器技术,确保了对水质参数的准确测量;自动测量和自动控制技术的应用则保证了系统的连续稳定运行。此外，计算机应用技术和专用分析软件在数据处理和分析方面发挥了关键作用，使得系统能够迅速提供准确的水质信息。通信网络的应用则实现了远程监控和数据共享，大大提高了水质监测的效率和响应速度。

5. 水质模型技术

水质模型技术通过数学方法和计算机模拟来重现和预测水环境中的物理、化学和生物过程，对于深入理解水系统的运行机制、评估水环境的健康状况以及制定有效的水环境治理策略具有重要意义。水质模型技术可以对污染物的迁移、扩散、转化和归宿进行模拟，揭示污染物在水环境中的行为特征。通过模拟不同条件下污染物的动态变化，可以预测未来水质的变化趋势，为水资源的合理利用和保护提供科学依据。此外，水质模型技术还可以评估各种水环境治理措施的效果，帮助决策者选择最优的治理方案。通过模拟不同治理措施下水质的变化情况，可以对治理效果进行预评估，避免盲目投资和资源浪费。

（三）水环境监测的内容

1. 水质监测

水环境监测的核心部分是对水中多种物理、化学和生物指标的测量与分析。这些指标具体包括水温、pH 值、电导率、溶解氧、浊度、总悬浮物等常规项目，它们是评估水体基本状况的基础。除此之外，还包括重金属、有毒有机物、营养盐（如氮、磷）以及微生物等污染指标的检测,这些指标能够深入揭示水体的污染程度、来源及其对生态系统的影响。通过这些指标的测量与分析,我们可以全面了解水体的污染状况,包括污染物的种类、浓度和分布。同时,这些指标也能反映水体的自净能力,即水体通过自然过程去除污染物的能力。此外,它们还能提供关于水体生态健康状态的重要信息,如生物多样性、生物生产力和生态功能等。

2. 水量监测

水环境监测中,对水量的监测也是一项至关重要的任务。这主要涉及对水体水量变化的观测和记录,包括水位、水流速度以及流量等关键参数的测量。水位作为最直观的水量指标,它的高低直接反映了水体的存储情况。通过持续的水位监测,我们可以了解水体的季节性变化、年际变化以及长期趋势,为水资源管理和规划提供基础数据。水流速度则反映了水体的动态特征,它与水体的地形、地貌、河床材料以及水量等多种因素密切相关。水流速度的测量有助于了解水体的输运能力、侵蚀能力以及水生态系统中物质的迁移和扩散过程。流量是单位时间内通过某一断面的水体积,它是评估水资源量的重要指标。通过流量的测量,我们可以了解水体的补给来源、消耗途径以及水循环过程,为水资源的合理配置和调度提供科学依据。

3. 水生态监测

水环境监测中,对水生态系统的监测是不可或缺的一部分。它主要关注水生态系统中的生物多样性、生物群落结构、生态功能以及生态系统对内外干扰的响应,这些都是评估水生态系统健康状况和稳定性的重要指标。生物多样性是指水生态系统中生物种类的丰富程度,包括各种水生植物、动物和微生物等。通过监测生物多样性的变化,我们可以了解水生态系统的复杂性和稳定性,以及生物之间相互作用的关系。生物群落结构是指水生态系统中不同生物种群在空间和时间上的分布格局。通过监测生物群落结构的变化,我们可以了解生物种群的数量、分布以及生物群落的演替规律,从而判断水生态系统的健康状况。生态功能是指水生态系统在物质循环、能量流动和信息传递等方面所发挥的作用。通过监测水生态系统的生态功能,我们可以了解水生态系统的自净能力、生产力以及生态服务价值等,为水资源的合理利用和保护提供科学依据。此外,还需要关注水生态系统对内外干扰的响应。内外干扰包括自然因素(如气候变化、水文变化)和人为因素(如污染、水利工程建设)等。

二、水环境监测的关键技术

(一)水质监测技术

水质监测技术是一个综合性的领域,它涵盖了多种方法和技术手段,用于测定和分析水体中的各种物理化学指标以及潜在的污染物。这些技术旨在提供准确、可靠的水质数据,以评估水体的健康状况、污染程度以及生态影响。在水质监测过程中,采样是一个关键步骤,需要确保采集的水样具有代表性和可比性。随后,通过各种实验室分析方法,如分光光度法、电化学分析法、色谱法等,对水样中的污染物进行定性和定量分析。这些分析方法的选择取决于污染物的种类、浓度范围以及分析要求。同时,为了保证检测数据的准确性和可靠性,还需要进行严格的质量控制措施,包括样品的保存和处理、仪器的校准和维护、分析方法的验证等。随着科技的不断进步,现代水质监测技术也在不断发展和创新。自动化监测设备、远程监控系统、实时数据传输和大数据分析等新技术的应用,使得水质监测更加高效、便捷和准确。这些技术的发展为水资源管理、环境保护和污染控制提供了有力支持。

(二)水污染物排放监测技术

水污染物排放监测技术是一个全面而综合性的体系,它集中了多种先进的技术手段和方法,旨在精确且高效地追踪、监测和评估水体中各种污染物的排放状况。这一体系的核心目标在于获取详尽而关键的水污染源信息。为了实现这一目标,采用了诸如流量监测技术,该技术通过配置流量计等设备,能够实时地追踪和记录废水的排放量,确保数据的准确性和及时性。同时,水质自动监测技术也发挥着重要作用,它借助高度自动化的监测仪器,能够连续不断地对废水中的各类污染物进行检测和分析,提供实时的水质数据。除此之外,遥感监测技术也被广泛应用于水污染物排放的监测中。这种技术利用遥感手段,能够快速且大范围地监测水体的反射和辐射特性,进而判断出水质的整体状况。生物监测技术则通过观察生物个体或种群对环境污染的反应,为我们提供了一种更为直观和生态的水质评估方法。

(三)水环境生物监测技术

水环境生物监测技术是一种利用生物个体、种群或群落对环境污染或变化所产生的反应来阐明环境污染状况,并从生物学角度为环境质量的监测和评价提供依据的技术手段。这种技术主要是通过观察生物的种类、数量、分布、生理生化指标等的变化来监测水体的污染情况。水环境生物监测技术包括多种具体的方法,如生态学方法、毒理学方法等。其中,生态学方法是通过研究生物群落结构、功能等的变化来评估水体的污染状况,而毒理学方法则是通过监测生物体内有毒物质的含量来推断水体的污染程度。与传统的理化监测技术相比,水环境生物监测技术具有更高的灵敏度和更低的成本,能够更全面地反映水体的污染状况。此外,这种技术还具有实时监测、长期监测等优势,能够提供更加准确和及时的环境质量信息。在实际应用中,水环境生物监测技术已经被广泛应用于河流、湖泊、水库等水体的监测中,为保护水资源和生态环境提供了有力的支持。未来,随着生物技术的不断发展和完善,水环境生物监测技术将会在环境监测领域发挥更加重要的作用。

三、基于现代水环境监测技术的应用优势与局限

(一)精确度高

现代水环境监测技术运用高精度的传感器和尖端的测量方法,赋予了其实时监测水中多种物质的能力,包括重金属、细菌、病毒等关键污染物。这种技术确保了监测数据的准确性和可靠性,

为环境保护工作提供了坚实的数据支撑。通过高精度监测,我们能够迅速发现水环境中的污染问题,及时采取应对措施,从而有效保护水资源和生态环境的健康与安全。这种技术的应用不仅提升了水环境监测的水平,也为环境保护事业注入了强大的科技力量。

(二)实时性强

传统的水环境监测方法通常涉及一系列耗时的步骤,包括现场采样、样品运输、实验室处理和分析等。这些步骤不仅效率低下,而且可能由于时间延误而导致监测结果无法及时反映水环境的实时状况。相比之下,现代水环境监测技术通过引入自动化和实时数据传输等创新手段,彻底改变了这一局面。现代技术使得实时监测成为可能,监测设备能够连续不断地收集数据,并通过无线或有线网络实时传输到数据中心或移动设备上。这意味着监测人员无须等待漫长的实验室处理过程,就能够立即获取到关于水环境状况的最新信息。这种实时监测和数据传输的能力为快速响应和决策提供了关键支持,使得相关部门能够在第一时间采取有效的环保措施,从而最大限度地减轻污染对水环境和生态系统的影响。

(三)自动化程度高

现代水环境监测技术充分利用自动化设备和系统的优势,实现了监测任务的自动化执行,显著减少了人工干预和误差。这种自动化程度的提升不仅带来了监测效率的大幅提高,还有效降低了监测成本。通过自动化监测,可以连续不断地收集水环境数据,确保监测结果的实时性和准确性。此外,自动化设备和系统还具备自我诊断和校准功能,能够在长期使用过程中保持稳定的性能,减少了维护和调试的工作量。这种现代水环境监测技术的应用,使得大规模、长期的水环境监测成为可能。相关部门可以更加全面地了解水环境的变化趋势和潜在风险,为水资源管理、环境保护和污染控制提供有力支持。同时,这种技术也促进了水环境监测行业的创新和发展,为未来的环境保护工作提供了更多可能性。

(四)综合性强

现代水环境监测技术的显著特点之一是其综合性,即不仅仅局限于对单一污染物浓度的测定。这种技术更加关注多种污染物在水环境中的相互作用,以及它们对水生生物和整个生态系统产生的复合影响。通过同时监测多种污染指标,如重金属、有机物、营养盐等,并结合生物监测手段,现代水环境监测技术能够揭示污染物之间的协同或拮抗作用,进而更准确地评估其对水环境的整体影响。这种综合性监测为全面评估水环境的健康状况提供了有力工具。它不仅可以识别出主要的污染源和污染物质,还能揭示水环境中复杂的生态过程和响应机制。这使得监测结果更加科学和全面,为水资源管理、生态保护以及污染控制策略的制定提供了坚实的科学依据。此外,现代水环境监测技术的这种综合性还体现在其与其他环境要素的关联性考虑上,如水文条件、气候变化等。通过将水环境监测数据与这些要素相结合,可以更深入地理解水环境的变化规律和趋势,为未来的水资源规划和生态保护提供更有针对性的指导。

（五）局限性与挑战

1. 技术更新与维护成本

现代水环境监测技术高度依赖于高精度的传感器、尖端的测量方法以及先进的自动化系统。这些高科技组件的集成确保了监测的精确性、实时性和效率。然而，这些技术的前沿性也意味着它们需要持续的技术更新和维护以保持其性能和准确性。随着科技的不断演进，新的传感器可能需要定期更换，测量方法可能需要不断调整以适应新的环境和标准，而自动化系统的软件和硬件也需要定期更新以防范安全漏洞和确保兼容性。这些更新和维护活动通常伴随着显著的成本。不仅新设备的购置费用高昂，而且专业人员的培训、系统的定期检查和校准，以及可能的故障修复等都会产生持续的费用。对于资源有限的地区，特别是那些经济发展相对滞后的地区，这些费用可能构成沉重的负担，限制了它们采用和维持现代水环境监测技术的能力。因此，尽管这些技术具有巨大的潜力，但如何降低其经济门槛，确保更广泛地应用，仍然是一个亟待解决的问题。

2. 监测覆盖范围有限

现代水环境监测技术虽然能够实现特定区域的实时监测，但在实际应用中，监测点的布局和设置不可避免地受到多种因素的制约。地理位置是一个关键因素，某些偏远或难以到达的水域可能无法布设监测设备，从而形成了监测盲区。同时，环境因素如极端天气、水流速度、水深等也会对监测设备的稳定性和可靠性造成影响,限制了监测点的有效设置。经济条件也是一个不可忽视的限制因素。建立和维护一个全面覆盖的监测网络需要大量的资金投入,包括设备购置、安装维护、数据传输和处理等方面的费用。在资源有限的情况下,监测点的数量和分布往往需要在经济可行性和监测需求之间做出权衡,这可能导致某些重要水域无法被纳入监测范围。

3. 数据处理与解析挑战

现代水环境监测技术以其高精度和实时性为特点,能够持续生成海量的数据。这些数据蕴藏着关于水环境状况的宝贵信息,但要从中提取出真正有价值的内容,却需要相当强大的数据处理和分析能力。这不仅涉及数据的收集、整理、存储等基本操作,更要求能够运用统计学、数学模型等高级工具进行深入挖掘。然而,在数据处理过程中,多种因素可能导致数据质量问题。例如,监测设备可能受到环境噪声的干扰,产生偏离真实值的测量数据;数据传输过程中可能出现丢失或错误,导致数据不完整或失真;此外,异常值的出现也可能对整体数据分析产生显著影响。这些问题都需要在数据处理阶段得到妥善处理,否则将直接影响监测结果的准确性和可靠性。除了数据质量问题外,解析复杂的水环境数据也是一大挑战。水环境的变化受到多种因素的影响,包括自然因素(如气候变化、水文条件)和人为因素(如污染排放、水资源开发)。这些因素之间相互作用,形成了错综复杂的生态过程和污染机制。要准确解析这些数据背后的含义,不仅需要深厚的专业知识和经验,还需要跨学科的合作和交流。

第三节 地质灾害监测

一、地质灾害监测技术概述

(一)现代地质灾害监测技术

现代地质灾害监测技术是近年来地质科学领域的一项重要发展,它为地质灾害的预防、预警和应急响应提供了有力的技术支持。这项技术的发展,不仅推动了地质灾害防治工作的进步,也为地质科学领域的研究提供了新的方法和思路。现代地质灾害监测技术采用了多种先进的技术手段,例如,遥感技术可以对地质灾害进行大面积的监测,发现潜在的灾害隐患;地理信息系统(GIS)可以对监测数据进行空间分析,为灾害预警提供更加准确的数据支持;全球定位系统(GPS)则可以实现对地质灾害的实时监测和动态监测,为应急响应提供了准确的时间和空间信息。此外,地面监测设备也是现代地质灾害监测技术的重要组成部分,它可以对地质灾害发生的具体过程进行实时监测,为灾害预警和应急响应提供了更加详细的数据支持。现代地质灾害监测技术的精度和可靠性较高,通过采用先进的传感器技术和数据处理算法,可以有效地提高监测数据的准确性和可靠性,减少了误差和不确定性,为地质灾害的预防和预警提供了更加可靠的依据。此外,现代地质灾害监测技术还可以与其他相关技术相结合,形成综合性的监测体系。例如,可以将遥感技术、GIS技术和地面监测设备相结合,形成一个全面的地质灾害监测网络,实现对地质灾害的全面监测和预警。同时,现代地质灾害监测技术还具有较高的灵活性和可扩展性。可以根据不同的地质灾害类型和监测需求,选择不同的监测技术和设备,实现监测技术的灵活性和可扩展性。这种灵活性使得现代地质灾害监测技术能够适应不同的地质环境和工作条件,具有广泛的应用前景。

(二)地质灾害监测的主要内容

1. 形变监测

通过各种先进的测量技术和设备,地质灾害监测对地质灾害体的位移、倾斜和沉降等形变情况进行实时监测。这些监测技术包括但不限于:卫星遥感技术、雷达干涉测量、激光扫描、光纤传感以及无人机巡检等。它们提供了高精度、实时的数据,帮助我们深入了解地质灾害体的变形特征和规律。这些数据不仅提供了灾害发生、发展和演化过程的精确判断,还为灾害预警和防治提供了科学依据。在实际应用中,这些技术已经被广泛应用于各种地质灾害的监测,如滑坡、泥石流、地面沉降等。通过持续的监测和分析,我们可以更好地理解地质灾害的机制和规律,为灾害防治和风险管理提供有力支持。

2. 地球物理场监测

利用地球物理场的变化来监测地质灾害是一种有效的方法。地球物理场包括电场、磁场、重力场等,它们在正常情况下是相对稳定的,但当发生地质灾害时,这些场会发生变化。通过对这些地球物理场的异常变化进行监测和分析,可以及时发现地质灾害的迹象,并预测其发生和发展趋势。例如,电场监测可以通过测量大地电阻率的变化来推断地下岩土层的变化情况,从而判断是否可能发生滑坡、泥石流等灾害。磁场监测则是通过测量地球磁场的异常变化来预警地裂缝等灾害的发生。重力场监测则是通过分析地球重力的变化,判断地面沉降等灾害的动态变化。通过对地球物理场的监测和分析,不仅可以预测地质灾害的发生和发展趋势,还可以为灾害预警和防治提供科学依据。

3. 化学场监测

通过分析地质灾害体释放的气体、离子等化学物质的变化,可以了解其化学特征和规律,为地质灾害预警和防治提供重要依据。这些化学物质可能来自地质灾害体的分解、化学反应或微生物活动等,其变化与地质灾害的发生、发展和演化密切相关。例如,在滑坡灾害中,滑坡体释放出的气体如甲烷、二氧化碳等可以监测滑坡的活动状态。当滑坡体产生位移时,会伴随着气体浓度的变化,通过对这些气体浓度的监测和分析,可以预测滑坡的发生和发展趋势。此外,一些化学物质也可以指示地下水位的变化,如氯化物、硫化物等,它们的浓度变化可以反映地下水位的升降,从而预测地面沉降等灾害的发生。

4. 诱发因素监测

对可能诱发地质灾害的因素进行监测是地质灾害预警和防治的重要环节。这些诱发因素包括降雨量、地震、人为活动等,它们都可能引发地质灾害的发生。通过对这些诱发因素的监测和分析,可以预测地质灾害发生的可能性,并采取相应的应对措施。通过在灾害易发区设置雨量计,实时监测降雨量的大小和降雨时间,可以及时了解降雨对地质灾害的影响。当降雨量超过一定阈值时,可以发出预警信号,提醒相关部门和人员采取应对措施。地震也是诱发地质灾害的重要因素之一,尤其是对于山区的滑坡和崩塌灾害。通过地震监测仪器可以监测地震活动,分析地震波的传播和反射特征,判断地震对地质灾害的影响。同时,地震监测数据也可以为地质灾害预警和防治提供科学依据。人为活动也是诱发地质灾害的重要因素之一,如开山采矿、修路等工程可能引发山体滑坡和崩塌灾害。通过对这些人为活动的监测和分析,可以了解其对地质灾害的影响,并采取相应的应对措施。

5. 灾害体稳定性监测

通过对地质灾害体的稳定性进行监测,可以了解其在不同工况下的应力、应变和位移情况,为地质灾害防治提供科学依据。稳定性监测通常采用地面监测技术和地下监测技术相结合的方式进行。地面监测技术主要包括位移计、倾斜仪、压力传感器等,通过在地质灾害体表面或附近安装这些监测仪器,可以实时监测灾害体的位移、沉降、倾斜等变化情况。这些数据可以帮助我们了解灾害体的稳定性状态,分析其变形特征和规律,为地质灾害预警和防治提供依据。地压监测技术主要包括钻孔测斜、水位监测等,通过在地下钻孔安装测斜仪和水位计等仪器,可以监测灾害体的水平位移、垂直位移、水位变化等情况。

6. 预警预报系统建设

建立完善的地质灾害预警预报系统是地质灾害防治的重要环

节。该系统可以通过对地质灾害的监测数据和灾害特征进行分析,预测地质灾害发生的可能性,并及时发布预警信息,为抢险救灾提供支持。地质灾害预警预报系统通常包括数据采集、数据处理、预警预报和信息发布等模块。数据采集模块负责实时采集各种监测数据,包括形变监测、地球物理场监测、化学场监测、诱发因素监测和稳定性监测等数据。数据处理模块负责对采集数据进行处理和分析,提取出有用的信息,如位移、应变、应力等数据的变化特征和规律。预警预报模块根据处理后的数据和灾害特征进行预警和预测,通过建立数学模型和算法,对地质灾害发生的可能性进行评估和预测。信息发布模块则负责及时发布预警信息,通过广播、电视、短信等方式将预警信息传递给相关部门和人员,以便采取应对措施。

二、地质灾害监测的关键技术

(一)地面变形监测技术

1. 全自动变形监测

通过使用高精度的测量仪器和自动化控制系统,对地面的位移和形变进行实时监测,是地面变形监测的重要手段之一。这种技术需要安装高精度的传感器和设备,如全球定位系统(GPS)、干涉合成孔径雷达、水准仪等,以获取高精度的监测数据。在实际应用中,全自动变形监测技术可以实现对地面的连续、实时监测,并提供高精度的位移和形变数据。这些数据可以通过自动化控制系统进行处理和分析,以评估地面的稳定性和安全性。如果发现异常情况,可以及时发出预警,采取相应的措施,以避免或减轻地质灾害造成的影响。除了全自动变形监测技术,还有其他多种地面变形监测技术,如应力监测、裂缝监测、地面倾斜监测和地面振动监测等。这些技术各有特点,适用不同的应用场景和需求。在实际应用中,需要根据具体情况选择合适的监测方法和设备,以确保监测的准确性和可靠性。

2. 应力监测

通过测量地面的应力变化来评估地面的稳定性是一种有效的地质灾害预警和监测方法。应力是指物体受到的力在单位面积上的分布,地面的应力变化可以反映地壳应力状态的改变,是地震、滑坡等地质灾害发生的重要前兆之一。在实际应用中,通常使用地应力测量仪来测量地面的应力变化。地应力测量仪通常由应力应变传感器、数据采集器和数据处理分析软件组成。通过将传感器埋设在地下一定深度,可以实时监测地面的应力变化情况,并通过数据采集器将数据传输到数据处理分析软件中进行处理和分析。通过对地面的应力变化进行监测和分析,可以评估地面的稳定性和安全性,及时发现地质灾害的迹象,并采取相应的措施进行预警和防治。此外,地应力监测还可以为地质工程、岩土工程等领域提供重要的数据支持,帮助人们更好地了解地质结构和地壳运动规律。

3. 裂缝监测

通过观察和测量地面的裂缝,评估地面的形变和稳定性,是一种常用的地质灾害预警和监测方法。裂缝是地面形变的重要表现形式之一,其位置、长度、宽度等信息可以反映地面的形变情况,从而评估地面的稳定性和安全性。在实际应用中,需要定期巡查和记录裂缝的位置、长度、宽度等信息。裂缝的测量可以采用多种方法,如直接测量、摄影测量等。通过使用高精度的测量仪器和设备,可以获取高精度的裂缝数据。这些数据可以用于评估地面的形变和稳定性,以及预测地质灾害的发生。通过对裂缝的监测和分析,可以及时发现地面的形变和稳定性问题,采取相应的措施进行预警和防治。例如,在滑坡灾害中,裂缝的出现往往预示着滑坡的即将发生。通过定期巡查和记录裂缝的信息,可以及时发现滑坡的迹象,采取紧急措施进行疏散和防范。

4. 地面倾斜监测

通过测量地面的倾斜角度来评估地面的形变和稳定性是一种重要的地面变形监测技术。地面倾斜是指地面的倾斜度发生变化,是地质灾害发生的重要前兆之一。通过测量地面的倾斜角度,可以及时发现地面的形变和稳定性问题,采取相应的措施进行预警和防治。在实际应用中,需要使用高精度的测量仪器,如水准仪、全站仪等,来测量地面的倾斜角度。这些仪器具有高精度的角度测量功能,可以准确测量地面的倾斜角度变化。通过定期测量和记录数据,可以评估地面的形变和稳定性,及时发现地质灾害的迹象。监测点应该选择在地形变化明显、地质条件复杂等关键区域,同时需要考虑监测点的稳定性和长期保存性。监测频率需要根据具体情况而定,需要综合考虑地质灾害的周期性、地形变化的速度等因素。

5. 地面振动监测

通过测量地面的振动情况来评估地面的稳定性和安全性是一种重要的工程监测技术。地面的振动情况可以反映地面的承载能力和稳定性,是评估建筑物安全性的一种有效方法。在实际应用中,需要使用高精度的振动传感器和测量仪器,如地震仪、加速度计等,来测量地面的振动情况。这些仪器可以记录地面的振动加速度、速度和位移等参数,并分析其频率和振幅。通过对这些数据的分析,可以评估地面的稳定性和安全性,及时发现建筑物的安全隐患。监测点应该选择在建筑物的主要承重部位和关键区域,同时需要考虑监测点的可访问性和稳定性。监测频率需要根据具体情况而定,需要综合考虑建筑物的规模、地质条件、使用情况等因素。

(二)地下水位监测技术

1. 浮子式水位计

浮子式水位计是一种利用浮子在水中的浮力原理来测量水位的仪器。当水位发生变化时,浮子会相应地移动,通过将浮子的位移转换成电信号,就可以实现水位的实时监测。浮子式水位计主要由浮子、感应装置和信号转换器组成。浮子通常是一个空心圆筒,内部填充有磁性材料,当水位发生变化时,浮子会上下移动。感应装置包括一个导轨和一个线性电位器,当浮子在导轨上移动时,电位器的电阻值会发生变化,从而产生电信号。信号转换器的作用是将电信号转换成可读的水位值。浮子式水位计的优点在于其结构简单、可靠耐用、易于维护,适用于长期水位监测。此外,由于其原理简单,对于不同的水质和环境条件具有较强的适应性。然而,其精度相对较低,容易受到水温和流速等因素的影响。

2. 压力式水位计

通过测量水压来计算水位是一种常用的水位监测技术,其精度较高,适用于高精度水位监测。该方法的基本原理是利用水的压力与水位之间的关联关系,通过测量水压来推算水位。在实际应用中,通常在井下设置压力传感器,将压力传感器放置在井壁或井底。当水位发生变化时,水对压力传感器的压力也会发生变化,从而引起压力传感器的输出值的变化。通过测量压力传感器的输出值,可以计算出水压,进而推算出水位。测量水压计算水位的方法具有较高的精度,因为水压与水位之间的关联关系比较稳定,受环境因素和温度变化的影响较小。此外,该方法还可以通过多点布设压力传感器来提高测量精度和可靠性。

3. 电容式水位计

利用电容原理进行地下水位监测是一种常用的技术手段,其基本原理是利用水的电介质特性。当水位发生变化时,水的电介质特性会随之改变,导致电容值发生变化。通过测量电容值的变化,可以推算出水位的变动情况。在实际应用中,通常在地下设置一对电极,利用电极作为电容器的两个极板。当水位上升或下降时,水会填充或排空电极之间的空间,导致电极之间的电介质发生变化。由于电介质的变化,电极间的电容值也会发生变化。通过测量电容值的变化,可以推算出水位的变化。利用电容原理进行地下水位监测具有较高的精度,特别是在干湿交替的水位监测中表现优异。这是因为水的电介质特性相对稳定,受环境因素和温度变化的影响较小。此外,多点布设电极可以提高测量精度和可靠性。

4. 超声波水位计

利用超声波进行地下水位监测是一种常用的技术手段,其基本原理是利用超声波在水中的传播速度和反射特性。超声波在水中传播时,遇到不同介质会反射回波,通过测量超声波往返的时间,可以推算出水位的变化情况。在实际应用中,通常在地下设置一对超声波换能器,一个作为发送器,另一个作为接收器。发送器发送超声波信号,当超声波遇到水面时反射回接收器,通过测量超声波往返的时间,可以推算出水位的高度。同时,根据超声波在水中的传播速度,可以进一步计算出水深。利用超声波进行地下水位监测具有较高的精度,适用于较深的水位监测。这是因为超声波的传播速度比较稳定,受环境因素和温度变化的影响较小。此外,多点布设超声波换能器可以提高测量精度和可靠性。

5. 电阻式水位计

利用水的导电性原理进行地下水位监测是一种常用的技术手段,其基本原理是利用水的导电性来测量电阻值,进而推算出水位的变动情况。当水位上升或下降时,水的导电性会随之改变,导致电阻值发生变化。通过测量电阻值的变化,可以推算出水位的变化。利用水的导电性原理进行地下水位监测具有结构简单、成本低廉等优点,适用于较浅的水位监测。然而,该方法精度较低,受水质和环境条件的影响较大,需要进行校准和修正。此外,电极的长期稳定性也是一个需要注意的问题,需要定期进行维护和校准。

(三)地质灾害隐患探测技术

1.遥感技术

遥感技术是一种利用卫星或飞机搭载的遥感设备获取地球表面信息的技术。通过遥感技术,可以获取大量的地质信息,包括地形地貌、岩层分布、土壤类型、植被覆盖等情况。遥感技术的优点在于其覆盖范围广、信息量大、获取速度快、动态监测能力强等。同时,遥感技术还可以通过多光谱、高光谱、超光谱等手段获取更丰富的地质信息,提高地质灾害隐患探测的精度和可靠性。在实际应用中,遥感技术需要与其他技术手段相结合,如地理信息系统(GIS)、地球物理勘探、钻探技术等。通过综合分析各种信息,可以更准确地识别出地质灾害隐患点,预测地质灾害的可能影响范围,为灾害预警和应急响应提供科学依据。

2.地理信息系统(GIS)

地理信息系统(GIS)技术在地质灾害隐患探测和预警中发挥着重要的作用。GIS 技术可以对地理信息数据进行采集、存储、处理、分析和可视化等操作,通过强大的空间分析能力,对地质灾害隐患点进行识别、评估和预测。GIS 技术可以整合多种来源的数据,包括遥感数据、地面调查数据、气象数据等,构建一个完整的地理信息数据库。这些数据经过处理和解析,可以提供丰富的地质信息,为地质灾害隐患探测提供基础数据。GIS 技术可以进行空间分析,如叠置分析、缓冲区分析、网络分析等,对地质灾害隐患点进行深入分析和评估。通过空间分析,可以发现潜在的地质灾害隐患区域,评估其风险等级和可能影响范围,为灾害预警和应急响应提供科学依据。此外,GIS 技术还可以结合智能监测技术,实时获取地质灾害隐患点的数据,进行动态监测和预警。当监测到异常数据时,GIS 系统可以迅速进行分析和处理,发出预警信息,为应急响应提供及时的支持。

3. 地球物理勘探

地球物理勘探是一种利用物理原理和方法来探测地球结构和地质特征的技术。通过地球物理勘探方法,可以获取地下岩层的分布、结构、性质等信息,从而发现潜在的地质灾害隐患点。在地球物理勘探中,常用的方法包括重力勘探、磁力勘探、电法勘探等。这些方法利用不同的物理原理和测量技术,获取地下岩层的物理参数,如密度、磁导率、电导率等。通过对这些参数进行分析和处理,可以推断出地下岩层的形态、分布和性质,从而发现潜在的地质灾害隐患点。在实际应用中,地球物理勘探方法需要综合考虑地质环境、岩层性质、地形地貌等多种因素。通过对多种方法的综合应用和数据解析,可以提高地质灾害隐患探测的精度和可靠性。同时,地球物理勘探方法还可以与其他技术手段相结合,如遥感技术、GIS 技术等,形成更加完整和准确的地质灾害隐患探测系统。

4. 钻探技术

通过钻探钻孔可以深入到地下岩土层,获取岩土样本,了解地下岩土的性质、结构、分布等情况。通过对这些信息进行分析和处理，可以发现潜在的地质灾害隐患点，为地质灾害防治提供重要依据。钻探技术包括钻孔设计、钻孔施工、岩土取样、钻孔编录等步骤。钻孔设计需要根据地质勘察的需求和地质条件进行设计，选择合适的钻孔位置、深度、孔径等参数。钻孔施工需要使用钻机、钻具等设备，按照设计要求进行钻孔施工。岩土取样需要采集不同深度和位置的岩土样本，进行测试和分析。钻孔编录需要对钻孔的地质信息进行记录和整理，形成完整的钻孔编录资料。通过钻探技术获取的岩土样本可以进行分析测试，如土工试验、岩石试验等，了解岩土的物理性质、力学性质、化学性质等。同时，结合钻孔记录资料和地质信息，可以对地下岩土层进行详细的分析和评估，发现潜在的地质灾害隐患点，预测其可能的影响范围和危害程度。

5. 智能监测

智能传感器和物联网技术在地质灾害隐患监测中具有重要作用。通过使用智能传感器，可以实时监测地质灾害隐患点的各种参数，如位移、倾斜、压力、温度等，并将数据传输到物联网平台。通过物联网平台，可以对这些数据进行实时分析和处理，及时发现地质灾害的迹象，并向相关部门发出预警信息。智能传感器具有高精度、高稳定性和低功耗等特点，能够长时间工作并保证数据的准确性。同时，智能传感器还可以实现无线通信，方便数据的传输和处理。通过将智能传感器部署在地质灾害隐患点，可以实时监测其变化情况，并将数据传输到物联网平台。物联网平台可以对收集到的数据进行处理和分析,及时发现异常情况,并向相关部门发出预警信息。同时,物联网平台还可以实现数据的可视化,方便对地质灾害隐患点的监测和管理。通过物联网平台,可以实现对地质灾害隐患点的远程监控和智能化管理,提高预警的准确性和时效性。

第三章　地质环境监测数据处理与分析

第一节　数据的收集与整理

一、地质环境监测数据的收集

(一)数据来源

1.实测数据

地质环境数据的主要来源是通过监测、观测、测量、采样、试验等多种方式获取的第一手资料。这些数据不仅准确度高,而且具有实时性和动态性,能够针对特定的地质现象提供详尽的信息。它们为构建各种地质模型提供了关键参数,是进行地质现象空间模拟分析不可或缺的数据基础。例如,在特定区域内进行的钻探活动所获得的岩心样本和地质剖面数据,地质调查所收集的地形地貌、地层岩性、地质构造等信息,以及地下水动态监测所记录的水位、水质、水温等实时数据,都是地质环境数据的重要组成部分。这些丰富而翔实的数据资料为地质研究、资源评估、环境保护等提供了有力的支撑。

2. 地图数据

地图数据是地质空间数据的关键来源,其涵盖的范围相当广泛。在构建地质环境数据库时,除了依据国家标准比例尺的各种地形图来描绘地貌特征外,还需要借助土地利用图来展示不同地块的利用状况,通过土壤类型图来识别土壤的种类和分布,依靠水文分布图来揭示水资源的地理分布和流动情况,以及利用地球化学图来显示地壳中化学元素的分布和富集规律。这些地图数据为地质环境的全面分析和综合评价提供了重要依据。

3. 遥感数据

遥感数据在地质环境数据库中占据着举足轻重的地位。作为一种高科技手段,遥感技术能够从空中或太空远距离地获取地球表面的各类信息,这些数据对于了解和研究地质环境具有极大的价值。遥感数据的优点显而易见:首先是其覆盖范围极为广泛,能够迅速获取大面积的地表信息,为宏观地质研究提供了便利;其次是获取信息速度快,能够在短时间内对目标区域进行多次观测,实时更新地表状况;再者,遥感数据的更新周期短,能够及时反映地表的动态变化,为地质环境监测提供了有力的支持。在地质环境数据库的建设中,遥感数据被广泛应用于地质灾害监测、矿产资源勘查、土地利用规划等多个领域。通过对遥感数据的分析和处理,人们能够更加准确地掌握地质环境的现状和发展趋势,为制定科学合理的地质环境保护和开发利用策略提供重要依据。

（二）数据收集方法

1. 野外地质调查和钻探

野外地质调查和钻探是获取地质环境监测数据最直接且有效的方法之一。通过这种方法,地质学家能够亲临现场,直观地观察地质现象,详尽地描述地质体的外在和内在特征。同时,在调查过程中,他们可以收集到丰富的地质样本,这些样本是后续实验室分析和研究的基础。钻探技术则能够穿透地表,深入到地下深处,获取更深层次的地质信息和样本。这对于了解地下岩层的结构、性质以及地质历史演变具有重要意义,为全面分析地质环境提供了不可或缺的依据。

2. 地球物理勘探

地球物理勘探是地质环境监测数据收集的重要手段之一,涵盖了重力勘探、磁法勘探、电法勘探、地震勘探、放射性勘探以及地球物理测井等多种方法。这些方法主要基于物理原理,通过精密测量和研究地球的各种物理场(如重力场、磁场、电场、地震波场、放射性场等)的变化,来探测和推断地层岩性、地质构造、地下水分布等地质条件。通过这些地球物理勘探方法,可以间接获取丰富的地质环境信息,如地层厚度、岩性变化、断裂带位置、油气藏分布等,为地质环境监测、资源勘查、地质灾害评估等提供重要依据。同时,地球物理勘探具有非侵入性、高效率、大范围覆盖等优点,在现代地质环境监测中发挥着越来越重要的作用。

3. 地球化学勘探

地球化学勘探是一种通过系统测量天然物质(如岩石、土壤、水、空气和植物等)的地球化学性质来揭示地质体或矿产资源分布和特征的方法。这种方法基于地球化学原理,即地球上各种元素和化合物在不同地质环境和条件下的分布、迁移和富集规律。通过采集和分析这些天然物质的样本,可以确定其化学成分,进而推断出地质体的性质、成因和演化历史,以及矿产资源的赋存状态和找矿远景。地球化学勘探在地质环境监测中具有广泛的应用价值。例如,在环境污染研究中,通过分析土壤、水体和植物中的有害元素含量,可以评估污染程度、污染来源和扩散范围,为环境保护和污染治理提供科学依据。在矿产资源勘查方面,地球化学勘探可以帮助发现隐伏矿体、确定找矿靶区和进行资源评价,为矿产资源的合理开发和利用提供重要信息。

4. 遥感技术

遥感技术是一种高效且先进的非接触式数据获取手段,它利用传感器系统从远距离捕捉地球表面的各种信息。在地质环境监测领域,遥感技术发挥着至关重要的作用。通过遥感技术,人们能够快速获取大范围的地质环境监测数据,这些数据包括地表形态、岩性分布、地质构造、地貌特征以及土地利用/覆盖等重要信息。这些数据不仅为地质学家提供了丰富的信息源,还大大节省了传统地面调查所需的时间和人力成本。利用遥感数据进行宏观分析和决策,人们能够更准确地评估地质环境状况,预测潜在的地质灾害风险,制定合理的资源开发和环境保护策略。因此,遥感技术在地质环境监测领域具有广阔的应用前景和重要的实用价值。

5. 自动监测站

自动监测站作为一种先进的数据收集和处理设施,在地质环境监测中发挥着关键的作用。这类站点被设计为能够长期连续地自动收集和处理各种环境数据,从而确保对地质环境的持续、实时和准确的监测。在地质环境监测的具体应用中,自动监测站被广泛用于监测多种重要参数。例如,它们可以监测地震活动,通过捕捉地震波来分析和预测地震的发生、强度和影响范围。此外,自动监测站还能监测地下水的动态变化,包括水位、水质和温度等关键指标,从而帮助人们了解地下水的流动规律、补给条件和污染状况。除了地震和地下水监测外,自动监测站还能用于测量地面的年变形量,这对于评估地质灾害风险、预测地面沉降和隆起等具有重要意义。同时,它们也能监测土壤和岩石的物理性质,如温度、湿度、电导率和应力等,这些数据对于了解土壤和岩石的力学行为、稳定性和工程性质至关重要。

二、地质环境监测数据的整理

(一)数据整理的步骤

1.数据检查与清洗

在地质环境监测数据的整理过程中,首要步骤是对收集到的原始数据进行全面而细致的检查。这一环节至关重要,因为它直接关系到后续数据分析的准确性和可靠性。数据的完整性、准确性和一致性是检查的重点。完整性意味着数据是否涵盖了所有必要的监测点和时间段,没有遗漏;准确性则要求数据与实际情况相符,没有偏差;一致性则强调数据在不同时间、不同监测点之间应保持一致,便于比较和分析。对于检查过程中发现的缺失、异常或错误数据,必须进行清洗和处理。数据清洗是一个系统化的过程,可以通过多种方法来实现。例如,设定合理的阈值来排除那些明显超出正常范围的异常值;使用统计方法,如平均值、中位数或众数等来填补缺失值,或者根据数据之间的相关性进行推断;对于错误数据,则需要进行更正或剔除。此外,借助专业的数据处理软件或编程工具,如 EXCEL、PYTHON 等,可以更加高效地完成数据清洗工作。通过这一系列的检查、清洗和处理步骤,可以确保地质环境监测数据的质量得到显著提升,为后续的数据分析、模型构建和决策支持奠定坚实的基础。

2. 数据格式化与标准化

在地质环境监测数据的整理中,将数据转换为统一的格式和标准是一个关键步骤。由于数据来源的多样性和监测设备的不同,收集到的数据往往具有不同的格式、单位和量级。为了便于后续的数据比较和分析,需要对这些数据进行标准化处理。这可能包括单位统一,即将所有数据转换为相同的计量单位,以消除单位之间的差异;数据转换,例如将文本数据转换为数值数据,或将不同的日期格式统一;以及标准化处理,通过数学变换将数据缩放到相同的范围或分布,以增强数据的可比性。这些操作能够确保不同来源和类型的数据在整理后具有一致性和互操作性,为后续的数据分析提供便利。

3. 数据整合与归纳

将清洗、分类和格式化后的地质环境监测数据进行整合和归纳,是确保数据质量和提升数据利用价值的重要步骤。这一过程旨在将处理后的数据汇集到一个统一、结构化的存储系统中,以便于后续的数据查询、分析和可视化操作。整合和归纳数据时,通常会选择适合数据特性和使用需求的存储方式。创建数据库是一种常见的做法,它允许用户高效地存储、检索和管理大量数据。数据库系统提供了强大的数据查询语言和数据完整性保障机制,使得用户可以灵活地访问和操作数据。另外,根据数据规模和复杂度的不同,也可以选择使用数据表格或数据文件来存储整合后的数据。数据表格适用于结构化数据的整理,可以清晰地展示数据之间的关联和属性。而数据文件,如 CSV、EXCEL 或 JSON 格式等,则提供了轻便且通用的数据存储方式,适用于各种数据处理和分析工具。

4. 数据备份与存储

为了确保地质环境监测数据的安全性和可追溯性,对整理后的数据进行备份是不可或缺的环节。这一过程不仅是为了防止数据丢失或损坏,更是为了确保在任何情况下都能迅速恢复数据,保障监测工作的连续性。选择合适的存储介质至关重要,这需要根据数据量、访问频率以及存储期限等因素来综合考虑。例如,对于大量且需要长期保存的数据,可以选择高容量的硬盘或磁带库;而对于需要频繁访问的数据,则可以使用高速的固态硬盘或云存储服务。同时,备份策略的制定也不容忽视。定期全量备份结合增量备份是一种常用的策略,它既能保证数据的完整性,又能减少备份时间和存储空间的消耗。此外,为了防止因意外情况导致备份数据同时丢失,还需要考虑将数据备份到不同的地理位置或使用灾备中心。长期保存方面,除了选择合适的存储介质外,还需要关注数据的可读性和可迁移性。随着技术的不断进步,存储介质和读取设备可能会逐渐淘汰,因此需要定期检查和迁移数据,确保它们在未来仍然可以被正确读取和使用。此外,为了保障数据的法律效力和证据价值,还需要遵循相关的数据保留政策和法规要求。

(二)数据整理的注意事项

1.保持原始数据的完整性

在清洗和处理地质环境监测数据时,保持原始数据的完整性和真实性是数据处理的核心原则。这意味着在去除噪声、修正错误或处理缺失值的过程中,必须采取谨慎的态度和精确的方法,以确保不对数据造成不必要的改动或扭曲。过度处理或篡改数据不仅会损害其原始信息的准确性,还可能导致分析结果出现偏差,甚至误导决策。因此,数据处理人员应始终牢记,在处理数据时既要达到清洗和整理的目的,又要最大限度地保留数据的原始面貌,避免任何可能影响数据真实性的操作。

2.遵循相关标准和规范

在地质环境监测数据整理的过程中,严格遵循相关标准和规范是至关重要的。这些标准和规范不仅为数据整理提供了明确的指导,还确保了数据的合规性和可比性。合规性意味着数据整理必须符合国家或国际行业标准,满足法律法规的要求,从而确保数据的合法使用和传播。而可比性则要求在不同时间、不同地点和不同方法下收集的数据能够按照一定的标准进行对比和分析,这对于评估地质环境的变化、制定科学合理的政策和措施具有重要意义。因此,在数据整理过程中,数据处理人员应熟悉并掌握地质环境监测领域的相关标准和规范,如数据格式、数据质量评价标准、数据处理流程等。同时,他们还需要不断关注和学习新的标准和规范,以适应地质环境监测技术的不断发展和数据整理需求的变化。通过遵循这些标准和规范,可以确保整理出的数据具有高质量、高可用性和高价值,为地质环境监测和研究提供有力支持。

3. 注重数据质量控制

在地质环境监测数据的整理阶段,建立数据质量控制机制是确保数据质量和准确性的关键。这一机制应贯穿于数据整理的整个过程,从数据收集、处理到最终的分析和应用。在数据收集阶段,就应设定明确的质量标准,确保从源头控制数据质量。对于不符合质量要求的数据,应及时进行剔除或重新采集。在数据处理过程中,应建立规范的操作流程,避免由于人为操作失误导致的数据质量问题。同时,采用合适的数据处理技术和方法,如数据清洗、去噪、插值等,以进一步提高数据质量。此外,定期的数据检查和评估也是数据质量控制机制的重要组成部分。通过对数据进行定期的抽查、比对和分析,可以及时发现数据中存在的问题和异常,并采取相应的措施进行纠正。这种定期的检查和评估不仅可以确保数据的准确性,还可以及时发现并改进数据整理过程中存在的不足。

第二节　数据的质量控制与评价

一、数据质量控制方法

(一)建立完善的质量管理体系

制订明确的质量管理计划是确保地质环境监测数据质量的关键。该计划必须详尽无遗,涵盖现场采样、分析测试、数据处理等所有关键环节,并针对每个环节制定具体的质量保证技术措施。在现场采样环节,要确保采样点的代表性、采样器具的洁净度和正确的采样方法;在分析测试环节,要选择合适的分析方法,保证试剂的纯度和仪器的准确性;在数据处理环节,要建立严格的数据审核和校验制度,确保数据的准确性和完整性。通过这些措施的实施,可以从源头上控制数据质量,为后续的地质环境监测和环境保护工作提供坚实可靠的数据基础。

(二)强化人员培训

对数据采集、处理和分析人员进行专业技能培训是确保地质环境监测数据质量的重要一环。这样的培训旨在增强他们的工作水平和质量意识,确保他们能够熟练掌握各种监测技术和方法。通过系统的理论学习和实践操作,使工作人员深入了解监测原理、熟悉监测流程,并能够准确运用相关设备和软件。此外,培训还注重培养工作人员的责任心和严谨态度,使他们在面对复杂多变的地质环境时能够保持高度的警觉和专注。这样,不仅能够提升数据采集、处理和分析的准确性和效率,还能为地质环境监测工作的长期稳定发展提供有力的人才保障。

(三)严格数据审核

建立多级审核制度是地质环境监测数据质量控制的核心措施之一。这一制度要求对原始数据、处理过程以及分析结果进行严格的层层把关,以确保数据的准确性和可靠性。每一级审核都侧重于不同的方面,如初步审核可能着重于数据的完整性和格式规范,而高级审核则更加关注数据的科学性和合理性。同时,实行责任审核是保障审核工作独立性和公正性的关键。在责任审核下,各级审核人员的职责和权限被明确界定,避免了审核过程中的混淆和冲突。每位审核人员都必须在自己的职责范围内独立开展工作,不受其他外部因素的影响,从而确保了审核结果的客观性和公正性。这样的制度设计不仅提升了数据质量,也增强了整个地质环境监测工作的信誉和权威性。

(四)加强仪器设备管理

对监测仪器设备进行定期检定和校准,是地质环境监测数据质量的基础保障。这一措施能够确保仪器设备的准确性和稳定性,避免因设备误差导致的数据失真。同时,建立完善的仪器设备档案,详细记录仪器设备的使用、维修和保养情况,不仅有助于及时发现和解决设备问题,还能为数据质量追溯提供有力依据。一旦数据出现异常,可以通过查阅仪器设备档案,迅速定位问题源头,及时采取措施进行修正,从而确保地质环境监测数据的准确性和可靠性。

(五)实行质量控制样品制度

在地质环境监测过程中,插入质量控制样品是一项重要的技术手段,用于评估监测数据的准确性和可靠性。这些质量控制样品,如空白样、平行样、加标回收样等,被精心设计和使用,以模拟实际监测条件并提供参照标准。通过对比分析这些样品的结果,可以检测并纠正可能存在的误差和偏差,从而确保监测数据的准确性和可靠性。这种方法的应用不仅提升了数据的质量,也增强了地质环境监测的可靠性和科学性。

(六)开展质量监督检查

定期对监测过程进行质量监督检查是确保地质环境监测数据持续高质量的关键步骤。这包括对现场采样、实验室分析、数据处理等所有环节的系统性检查。通过这样的监督检查,能够及时发现并纠正可能存在的误差、偏差或不当操作。一旦发现问题,立即采取措施进行整改,以确保整个监测过程的准确性和可靠性。这种持续的质量监督不仅保障了数据的真实性,也为地质环境监测的长期稳定发展提供了坚实的基础。

二、数据质量评价指标与方法

(一)数据质量评价指标

1. 完整性

数据的完整性确实是评价数据质量的关键指标之一。它强调在监测数据的整个生命周期中,从采集到处理、传输再到存储,每一个环节都必须确保数据的完整无缺。这意味着在任何阶段都不应出现数据的丢失、遗漏或损坏。只有保障了数据的完整性,我们才能确保所获得的数据是全面且可用的,进而为地质环境监测和其他相关决策提供准确、可靠的依据。

2. 准确性

准确性无疑是评价数据质量的核心指标。它要求监测数据必须严格与实际地质环境状况保持一致,确保数据能够真实、准确地反映监测对象的状态及其变化。为了达到这一标准,必须采用经过验证的、精确的监测方法和技术来收集和处理数据。此外,定期进行仪器的校准和验证也是至关重要的,这样可以确保监测设备始终保持在最佳工作状态,从而进一步提高数据的准确性。通过这些措施,我们可以为地质环境监测和相关决策提供坚实、可靠的数据支持。

3. 及时性

及时性是指数据从采集到最终提供给用户所经历的时间间隔。在地质环境监测领域,这一点尤为重要。因为及时的数据能够迅速反映地质环境的最新动态和变化,为决策者提供宝贵的信息支持,使他们能够根据实际情况做出迅速而准确的响应。为了提高数据的及时性,必须优化数据采集、处理和发布的流程,尽可能缩短每个环节所需的时间。这包括采用高效的监测设备和技术,优化数据处理和分析的方法,以及建立快速的数据发布机制。通过这些措施,我们可以确保地质环境监测数据的及时性,为环境保护和可持续发展提供有力的支持。

(二)数据质量评价方法

1. 准确性评价

通过与实际地质环境状况进行对比,我们可以评估监测数据的准确性。为了实现这一点,通常会采集标准样品或获取参考数据,并将其与监测数据进行比对分析。这种比对分析涉及使用统计方法和技术来计算误差范围,进而确定监测数据的精确程度。通过这种方式,我们能够判断数据是否符合预期的精度要求,从而确保其在地质环境监测中的可靠性和有效性。这种准确性评估是数据质量评价中的关键步骤,有助于提高地质环境监测的准确性和可靠性,为相关决策提供有力支持。

2. 精密度评价

对同一监测点或同一类型的多个监测点进行重复测量是评估地质环境监测数据精密度和稳定性的重要手段。通过分析这些重复测量得到的数据之间的离散程度,我们可以了解数据的变化范围和波动情况。常用的评估指标包括标准差和变异系数。标准差能够反映数据分布的离散程度,而变异系数则可以消除数据量级对离散程度评估的影响,使得不同量级的数据可以进行比较。通过这些指标的计算和分析,我们可以判断数据的精密度,即数据之间的接近程度,以及数据的稳定性,即数据随时间或其他因素变化的程度。这种评估方法有助于确保地质环境监测数据的准确性和可靠性,为环境保护和地质研究提供有力支持。

3. 完整性评价

检查监测数据的完整性是确保地质环境监测数据质量的重要步骤。这包括仔细审查数据是否缺失、遗漏或损坏。对于发现的任何缺失数据,都必须深入分析其原因,这可能涉及设备故障、通信中断、人为错误或其他因素。了解这些原因有助于防止未来再次出现类似问题。在可能的情况下,应采取适当措施补充或修复缺失的数据。这可以通过使用备份数据、插值方法或基于其他相关数据的合理估算来实现。然而,需要注意的是,任何补充或修复的数据都应明确标记,并在后续分析中谨慎使用。完整性评价可以通过多种方法进行,如数据审核和逻辑检查。数据审核涉及对数据进行系统性检查,以确保其符合预期的格式、范围和一致性。逻辑检查则是通过应用地质学和环境科学的原理来验证数据的合理性,例如检查监测参数之间的相关性和时空变化的一致性。通过这些方法,我们可以全面评估监测数据的完整性,从而确保其在地质环境监测和相关决策中的可靠性和有效性。

第三节　数据的分析与应用

一、数据分析方法

(一)统计分析法

通过收集和整理地质环境监测数据,我们可以利用统计学原理和方法对数据进行全面、深入的处理、分析和解释。这一过程不仅包括描述性统计分析,还涉及推论性统计分析。在描述性统计分析中,我们计算并解读数据的平均值、标准差、最大值和最小值等统计量,以揭示数据的中心趋势、离散程度和波动范围。这些指标帮助我们快速了解数据的分布特征,如集中趋势、离散程度和异常值情况。同时,推论性统计分析则允许我们基于样本数据对总体进行推断。例如,通过假设检验,我们可以判断样本数据是否代表总体,或者两个样本之间是否存在显著差异。方差分析则用于比较不同组别数据的均值差异,进一步揭示数据的变化趋势和影响因素。通过综合描述性和推论性统计分析的结果,我们能够更准确地揭示地质环境监测数据的分布特征、变化趋势以及不同参数之间的相互关系。这种综合分析方法为地质环境研究提供了有力工具,有助于我们更好地理解地质环境的动态变化,为资源管理和环境保护提供科学依据。

（二）时空分析法

地质环境监测数据确实具有显著的时间和空间属性,这使得时空分析法成为研究这些数据变化的重要手段。时空分析法结合了地理信息系统(GIS)技术与其他先进的时空分析工具,能够高效处理和分析大量具有时空标签的数据。在 GIS 平台的支持下,我们可以对地质环境监测数据进行精确的空间定位和时间序列分析。通过地图制作、空间插值、缓冲区分析等技术手段,GIS 能够直观地展示地质环境参数的空间分布格局和随时间的变化趋势。这种可视化展示不仅提升了数据理解的直观性,还有助于快速识别潜在的空间模式和时间演变规律。此外,时空分析法还允许我们探索不同地质环境因素之间的相互影响。例如,通过叠加分析、网络分析和空间自相关等技术,我们可以研究地质构造、水文条件、气候变化等因素如何共同作用于某一地质环境过程,进而揭示它们之间的复杂相互作用和因果关系。

（三）模型模拟法

通过建立数学模型或物理模型来模拟地质环境过程和现象,是地质环境监测数据分析中的重要环节。这种方法允许我们基于已知的物理定律、地质学原理和数据观测结果,构建一个能够反映实际地质环境行为的模型。在模型构建过程中,监测数据发挥着至关重要的作用。它们不仅为模型提供必要的输入参数,如地质构造、岩性、水文条件等,还用于模型的参数化、校准和验证。通过不断调整模型参数,我们可以使模型的输出结果与实际监测数据相匹配,从而提高模型的准确性和可靠性。一旦模型经过验证并确认其有效性,它就可以用于预测地质环境的变化趋势。例如,我们可以利用模型模拟不同气候条件下的地下水流动情况,预测未来水位的变化趋势。这种预测能力对于制定合理的水资源管理措施至关重要。此外,模型模拟法还可以用于评估地质环境风险。通过模拟潜在的地质灾害过程,如地震、滑坡等,我们可以了解这些灾害的可能影响范围和严重程度。这种信息对于制定减灾策略和应急预案具有重要意义。

(四)遥感与 GIS 集成分析法

遥感技术和地理信息系统(GIS)的结合为地质环境监测提供了强大的工具。遥感技术,尤其是卫星遥感和航空遥感,能够迅速获取大范围、高分辨率的地质环境信息,如地形地貌、岩性分布、构造特征、水文条件等。这些信息通常以图像或数字形式呈现,为地质环境监测提供了基础数据。而 GIS 则具有强大的空间数据处理和分析能力,能够对遥感数据进行精确的空间定位、数据管理、查询检索、空间分析和可视化表达。通过 GIS 平台,我们可以对遥感数据进行预处理、增强和分类,提取有用的地质环境信息;还可以将遥感数据与其他空间数据(如地质图、地形图、水文图等)进行叠加分析,揭示地质环境因素的相互关系和时空变化规律。将遥感数据与 GIS 集成,可以实现地质环境的综合分析、监测和评估。例如,我们可以利用遥感数据监测地质灾害的发生和发展过程,评估灾害的严重程度和影响范围;还可以利用 GIS 的空间分析功能,研究地质环境因素对生态系统、水资源、矿产资源等的影响,为资源管理和环境保护提供决策支持。因此,遥感技术与 GIS 的集成为地质环境监测提供了全面、准确、高效的数据分析和处理能力,有助于我们更好地了解地质环境的现状、变化趋势和潜在风险,为制定科学的地质环境管理策略和措施提供重要依据。

二、数据可视化与呈现

(一)数据可视化方法

1. 基于平面图的可视化

基于平面图的可视化是地质环境监测数据展示中常用的一种方法。通过将复杂的三维地质数据投影到二维平面上,并以图形的方式呈现,这种方法使得地质环境在某一特定层面或剖面上的变化情况更加直观和易于理解。其中,等值线图(也称作等值线分布图)是一种常用的平面图可视化方法。在这种图中,通过连接具有相同数值的点,形成一系列的线,这些线表示地质环境中某个物理量(如温度、压力、水位等)在二维空间上的分布情况。等值线的密集程度和形状变化可以反映地质环境中该物理量的变化趋势和异常情况。另外,剖面图也是一种重要的平面图可视化方法。剖面图是通过在地质体上选取一条或多条剖面线,并将剖面线上的数据以图形的方式展示出来,从而揭示地质环境在剖面上的结构和变化情况。剖面图通常包括地质体的岩性、构造、地层厚度、地下水位等信息,有助于地质工作者对地质环境进行深入分析和解释。基于平面图的可视化方法具有简洁、直观的特点,适用于对地质环境进行初步的分析和评估。然而,需要注意的是,由于这种方法将三维数据投影到二维平面上,可能会丢失一些空间信息,因此在需要更精确的三维空间分析时,可能需要结合其他可视化方法使用。

2. 基于数据体的可视化

基于数据体的可视化,也称为体可视化技术,是地质环境监测中一种高级的可视化手段。它利用计算机图形学和图像处理技术,将三维空间中的地质监测数据映射到二维平面上,同时保留数据在三维空间中的分布特征。这种映射通常通过颜色、透明度、亮度等视觉属性来实现,使得用户可以在二维屏幕上观察到三维数据场的整体结构和细节变化。体可视化的一个关键步骤是体渲染,即根据数据场中每个点的数值,通过一定的转换函数将其映射为颜色和透明度,并沿着观察者的视线方向进行积分,从而生成二维图像。这种方法可以展示复杂的三维地质结构,如地层、断层、矿体等,以及地质环境中各种物理场(如温度场、应力场、流速场等)的三维分布情况。体可视化的优势在于它能够提供直观的、易于理解的三维空间信息,有助于地质学家和环境科学家揭示地质现象的内在规律和相互联系。然而,可视化技术也需要高性能的计算资源和大容量的存储空间,以处理大规模的三维地质数据。随着计算机技术的不断发展,可视化技术在地质环境监测和地质科学研究中的应用将越来越广泛。

3. 三维模型可视化

利用计算机技术建立地质环境的三维模型,并在模型上展示监测数据,是地质环境监测领域中的一项重要技术。三维建模可以准确地还原地质环境的空间结构,包括地层、岩性、构造、地貌等关键要素,使得地质环境变得立体且直观。在这种方法中,常见的三维模型包括地形模型和地质体模型。地形模型主要关注地表形态,利用高程数据构建数字高程模型,真实反映地表的起伏变化。地质体模型则更侧重于地下结构,通过对地层、断层、褶皱等地质要素进行建模,揭示地质体在三维空间中的分布和相互关系。在三维模型上展示监测数据,可以将抽象的监测数据与具体的地质环境相结合,直观地展示监测数据在地质环境中的分布情况和变化趋势。例如,可以将温度、湿度、水位等监测数据以颜色、纹理或动画的形式呈现在三维模型上,帮助研究者快速识别异常区域和潜在风险。

4. 动画模拟可视化

通过计算机动画技术模拟地质环境的变化过程,并在动画中展示监测数据,是一种高效且直观的可视化方法。这种方法能够动态地呈现地质环境随时间的演变,揭示出各种地质现象和过程的发展规律。在动画制作过程中,首先需要根据地质环境监测数据建立起相应的数学模型。这些模型能够描述地质环境中各种因素(如地形、地貌、岩性、构造、水文条件等)的相互作用及其随时间的变化。然后,利用计算机图形学技术,将这些数学模型转化为可视化的动画场景。在动画中,可以展示地质环境的变化趋势,如地形的抬升或沉降、河流的改道或侵蚀、地层的褶皱或断裂等。同时,监测数据的变化情况也可以以图表、曲线或数字等形式嵌入到动画中,与地质环境的变化过程同步展示。这样,观众可以更加直观地理解监测数据与地质环境变化之间的关系。此外,通过调整动画的播放速度、视角和视觉效果等参数,还可以突出显示关键的地质现象和过程,帮助观众抓住重点,深入理解复杂的地质过程。

(二)数据呈现工具与平台

1. 可视化工具

这类工具能够将复杂的地质环境数据以直观、易理解的方式呈现出来,提供多维度的视图以展现地质现象的不同侧面。基于平面图的可视化工具,例如等值线图和剖面图,能够以二维图形的方式简洁地展示数据。这类图形特别适用于表现地质环境在某一特定层面或剖面上的变化情况,帮助研究者快速掌握该层面的地质特征。与此同时,基于数据体的可视化工具(体可视化)则更进一步,它们能够展示地质环境在三维空间中的复杂变化情况。这类工具对于揭示温度场、应力场等的三维分布尤为有效,使得研究者能够全面、深入地理解地质环境的三维结构和动态过程。此外,三维地质模型作为一种高级的可视化工具,不仅能够直观地展示地质环境的空间结构,还能准确地反映监测数据在其中的分布情况。这种模型通常结合了多种数据源和复杂的建模技术,以提供对地质环境最真实、最全面的模拟。通过这些模型,研究者可以更加深入地探索地质环境的内在规律和潜在风险。

2. 地理信息系统(GIS)平台

GIS(地理信息系统)平台在地质环境监测领域的应用极为广

泛,这得益于其强大的空间数据处理、分析和管理能力。GIS 平台能够整合多种来源和类型的数据,包括地质图、遥感影像、地形图、钻孔数据、环境监测数据等,使这些数据在统一的地理坐标系统中进行展示和分析。在地质环境监测中,GIS 平台的空间分析功能尤为关键。它允许用户执行诸如缓冲区分析、叠加分析、网络分析等复杂操作,从而揭示出地质环境各要素之间的空间关系和相互作用。这些分析对于理解地质环境的演变规律、评估资源潜力、预测自然灾害等具有重要意义。此外,GIS 平台也是制作专题地图的理想工具。用户可以根据特定的研究目的或应用场景,选择恰当的地图符号和色彩方案,将地质环境监测数据以直观、易懂的方式呈现出来。专题地图不仅有助于数据的可视化和沟通,还能为决策提供支持。数据挖掘是 GIS 平台的另一项重要功能。通过对大量地质环境监测数据进行统计分析、模式识别、关联规则挖掘等操作,用户可以发现隐藏在数据中的有用信息和知识。这些信息对于深入理解地质环境的内在机制、优化监测网络布局、提高数据质量等具有重要价值。

3. 虚拟现实(VR)与增强现实(AR)技术

虚拟现实(VR)和增强现实(AR)技术在地质环境监测领域的应用,为用户提供了身临其境地观察和分析地质数据的全新体验。VR 技术通过构建完全虚拟的三维地质环境,使用户仿佛置身于真实的地质场景之中。这种沉浸式的体验让用户能够更加直观地了解地质构造、地层分布、矿体形态等复杂的地质信息。同时,VR 技术还可以模拟地质环境的变化过程,如地形的抬升和沉降、河流的改道和侵蚀等,帮助用户更好地理解地质作用的机制和规律。与VR 技术不同,AR 技术则是将虚拟的地质信息与真实环境相结合,为用户提供一种更直观、更真实的混合现实体验。通过 AR 设备,用户可以在现实世界中看到虚拟的地质信息,如地层界面、矿体边界、断层线等,这些信息以三维立体图像的形式呈现在用户眼前,使得用户能够更加准确地把握地质环境的空间结构和分布特征。VR 和 AR 技术的应用不仅提高了地质环境监测的效率和准确性,还降低了用户理解复杂地质现象的难度。这些技术使得用户能够以更直观、更生动的方式观察和分析地质数据,从而更好地理解地质环境的演变规律和内在机制。随着 VR 和 AR 技术的不断发展和完善,它们在地质环境监测领域的应用前景将更加广阔。

4. 云计算平台

云计算平台在地质环境监测领域的应用,为大规模数据处理和分析提供了强大的计算和存储能力。这种技术平台允许用户弹性地扩展计算资源,以满足处理海量地质数据的需求。无论是进行复杂的地质建模、空间分析,还是运行数据密集型的地质模拟,云计算平台都能提供所需的计算能力。同时,云计算平台提供了几乎无限的存储容量,这对于存储大量的地质监测数据至关重要。用户可以安全地存储多年的数据记录,包括历史监测数据、遥感影像、地质图件等,而无需担心存储空间不足的问题。在数据传输方面,云计算平台支持数据的实时上传和下载,确保监测数据能够及时传输到处理中心,并快速分发给需要的人员。这种实时性对于灾害预警、环境监测等需要快速响应的应用场景尤为重要。此外,云计算平台还促进了数据的共享和协作。多个用户或团队可以同时访问和编辑存储在云平台上的数据,实现无缝的协作和信息交流。这不仅提高了工作效率,还加强了不同领域专家之间的合作,有助于更全面地理解和分析地质环境。

第四章　地质环境退化的主要原因与影响

第一节　土壤侵蚀与土地荒漠化

一、土壤侵蚀与土地荒漠化的表现形式

土壤侵蚀的表现形式主要有水力侵蚀、风蚀、重力侵蚀等。水力侵蚀通常发生在雨季或洪水时期,雨水的冲刷作用导致土壤被剥离和搬运。风蚀是由于风力作用导致的土壤侵蚀,通常在干旱地区发生,表现为土壤被风吹蚀、搬运和沉积。重力侵蚀则是在陡峭的山坡上发生的土壤侵蚀形式,由于土壤自身的稳定性被破坏,导致滑坡、泥石流等现象发生。

土地荒漠化的表现形式主要有植被退化、土壤贫瘠化、土地沙化等。植被退化是由于过度放牧、开垦、采矿等人类活动以及自然环境的变化,导致植被覆盖率降低,生态系统脆弱。土壤贫瘠化是由于土地利用不当、过度耕作等原因导致的土壤质量下降,养分流失,土地生产能力下降。土地沙化则是在干旱地区,由于风力作用和人类活动的影响,导致沙漠化现象发生,表现为土地上的沙丘和沙地增加,植被难以生长。

二、土壤侵蚀的原因

（一）因素分析

1. 自然因素

（1）气候因素

气候因素,包括降水、风和气温变化,都是导致土壤侵蚀的重要自然驱动力,它们各自以不同的方式直接作用于土壤,并且经常相互结合,共同加剧侵蚀过程。降水,特别是暴雨,产生的冲击力可以直接打散土壤颗粒,形成地表径流,迅速带走表层土壤,导致严重的水土流失。同时,风也是一个重要的侵蚀因素,尤其是在干旱和半干旱地区,强风可以吹起土壤颗粒,形成风沙流,对地表造成磨蚀,导致风蚀现象的发生。此外,气温的变化,尤其是冻融循环,也会对土壤结构造成破坏。在寒冷地区,土壤中的水分在冻结时会膨胀,导致土壤颗粒之间的结构变得松散,当这些冰晶融化时,土壤变得更加容易被风或水侵蚀。这种反复的冻融过程会进一步加剧土壤侵蚀的程度。这些气候因素的相互作用使得土壤侵蚀成为一个复杂而严重的环境问题。

（2）地形因素

地形对土壤侵蚀的影响至关重要,主要体现在坡度和坡长两个方面。坡度越陡,坡面径流的速度就越快,这增强了水流对土壤的冲刷力,从而加剧了土壤侵蚀的程度。同样地,坡长越长,汇水面积也就越大,这意味着产生的径流量也更多,进一步增强了对土壤的冲刷作用。因此,在坡度和坡长的共同影响下,地形成为决定土壤侵蚀严重程度的关键因素之一。

(3)土壤因素

土壤的质地、结构以及有机质含量等因素对土壤侵蚀具有显著影响。这些土壤特性决定了土壤对抗侵蚀能力的强弱。具体来说,质地疏松的土壤由于其颗粒间的结合力较弱,容易受到风和水的侵蚀。相比之下,质地黏重的土壤颗粒间结合紧密,更能抵抗侵蚀。土壤结构也至关重要。良好的土壤结构有助于水分和空气的流通,同时能增加土壤的抗剪强度和稳定性,从而减少侵蚀风险。而结构差的土壤则更容易受到侵蚀。此外,有机质含量也是影响土壤侵蚀的重要因素。有机质能够改善土壤结构,增加土壤颗粒之间的结合力,从而提高土壤的抗侵蚀能力。有机质含量低的土壤往往更容易受到侵蚀。

(4)植被因素

植被覆盖对于减少土壤侵蚀具有不可替代的作用。它通过减缓风速、降低雨滴冲击力来有效对抗风蚀和水蚀。同时,植被的根系深入土壤,起到稳固土体的作用,减少了地表径流的产生,进一步降低了土壤侵蚀的风险。一旦植被覆盖率下降,这些自然防御机制将被削弱,土壤侵蚀问题便会加剧。因此,维持和提高植被覆盖率成为防治土壤侵蚀、维护生态平衡的关键措施之一。

2. 人为因素

(1)不合理的耕作方式

过度耕种、无系统轮作和有机肥料的过度使用等不合理的耕作方式,都会直接破坏土壤的结构,使其质地逐渐变得疏松。这样的土壤更容易受到风、水等自然力的侵蚀,因为疏松的土壤颗粒间缺乏紧密结合,容易被冲刷或吹走。这些耕作方式如果长期持续,将严重影响土壤的肥力和生产能力,甚至可能导致土地退化。因此,科学合理的耕作方式对于保护土壤、防止侵蚀至关重要。

（2）城镇和工矿建设

随着城镇和工矿的迅猛扩张,大量土地被占用,这一过程中往往伴随着地表植被的严重破坏。植被作为土壤的天然保护屏障,其消失使得土壤直接暴露在外界环境中,从而加剧了风蚀、水蚀等自然侵蚀作用。此外,城镇和工矿建设过程中产生的废弃物以及排放的各种污染物,如重金属、化学物质等,也会渗入土壤,对其造成进一步的污染和损害。这些污染物不仅影响土壤的生物活性,还可能通过食物链进入人体,对人类健康构成威胁。因此,城镇和工矿的快速发展对土壤侵蚀产生了显著的负面影响,需要采取有效措施来减轻这种影响,保护土壤资源。

（3）过度放牧

在草原地区,过度放牧是一种常见但极具破坏性的行为。由于牲畜数量过多,它们会过度啃食草场上的植被,导致草场迅速退化。随着地表植被的减少,土壤逐渐暴露在外界环境中,失去了原有的保护层。这样的土壤变得异常脆弱,极易受到风蚀和水蚀的影响。风蚀会导致土壤颗粒被风吹走,形成风沙流,进一步加剧草原的荒漠化进程。而水蚀则会在雨季时造成严重的水土流失,冲走肥沃的表土,使草原的生产力下降。因此,过度放牧对草原地区的土壤侵蚀问题起到了推波助澜的作用,严重威胁着草原生态系统的健康与稳定。

(4)乱砍滥伐

森林作为大自然的绿色宝库,不仅为众多生物提供栖息地,更是土壤的天然守护神。森林的茂密树冠能够有效减缓风速,降低其对地面的直接冲击;同时,树冠和落叶层也能吸收和分散雨滴的冲击力,防止雨水直接猛烈冲刷地表。此外,森林的植被和根系结构有助于稳定土壤,减少地表径流的形成,从而减缓水土流失。然而,乱砍滥伐等人为活动正在迅速改变这一局面。随着树木被大量砍伐,森林面积急剧减少,土壤逐渐失去了这层重要的天然屏障。失去保护的土壤更容易受到风、雨等自然力的侵蚀,导致珍贵的表土被剥离,土地的生产力下降,甚至可能引发严重的环境问题,如荒漠化、泥石流等。因此,保护森林、合理利用森林资源,对于维护土壤健康和生态平衡至关重要。

(5)水资源不合理利用

不合理的水利工程建设和过度抽取地下水等人为活动,对水资源的平衡造成了严重破坏。这些行为导致地表水和地下水的水位显著下降,进而使土壤中的水分大幅减少。水分的丧失使得土壤结构逐渐变得疏松,土壤颗粒之间的结合力减弱,从而使其更容易受到风蚀、水蚀等自然侵蚀作用的影响。因此,为了保护土壤资源,防止土壤侵蚀的加剧,必须合理规划和管理水利工程,控制地下水的抽取量,以维护水资源的平衡和土壤的健康。

(二)土壤侵蚀的影响

1. 土壤质量下降

土壤侵蚀是一种严重的自然现象,它会直接破坏土壤的结构和质地。侵蚀作用使得土壤颗粒间的结合变得松散,土壤因此变得疏松多孔,这样的土壤不仅难以保持水分,而且容易受到风化和水流的进一步侵蚀。同时,侵蚀还会导致土壤中的有机质和关键养分大量流失。这些有机质和养分是土壤肥力的基础,它们的流失意味着土壤的生产能力下降,农作物在这样的土壤中生长会受到严重限制,往往表现为生长缓慢、产量减少。因此,土壤侵蚀不仅直接关系到农业生产的稳定和粮食安全,也是土地资源可持续利用的重大威胁。

2. 水质污染

土壤侵蚀过程中,大量的泥沙携带着有害物质一同被冲刷进入河流、湖泊等水体,这严重污染了水质。这种污染直接威胁到人类和其他生物的饮用水安全,因为有害物质可能通过饮水进入生物体,对健康产生不良影响。同时,这些污染物还可能对水生生态系统造成毁灭性的打击,破坏水生生物的生存环境,导致水生生物大量死亡,进而影响到整个生态系统的平衡与稳定。因此,土壤侵蚀所带来的水质污染问题不容忽视,需要采取有效措施加以防治。

3. 水土流失和地表形态破坏

土壤侵蚀是一种严重的自然现象,它导致地表土壤被大量冲刷走,形成沟壑、河床抬高等地貌形态。这一过程中,不仅地表景观发生了显著变化,更重要的是可能引发一系列环境问题。河道堵塞和洪水频发就是其中最为突出的问题,因为侵蚀作用使得大量土壤被带入河道,堆积形成障碍,导致水流不畅,增加了洪水的发生概率和破坏力。同时,土壤侵蚀还导致土地资源的急剧减少,

地质环境监测与保护研究

可耕地面积不断缩减,对粮食安全构成严重威胁。因此,土壤侵蚀问题不容忽视,需要采取有效措施进行防治,以保护珍贵的土地资源和维护生态平衡。

4.生态系统破坏和生物多样性减少

土壤侵蚀是一种严重的环境问题,其连锁反应式的破坏不仅直接损害植被,更间接减少生物的栖息地,造成生物种类数量的锐减,从而深刻影响生态系统的稳定性。这种侵蚀逐渐削弱自然生态系统原本脆弱的平衡,使生物群落结构变得简单化,生物间的相互依赖和制衡关系受到破坏。更为严重的是,这种生态失衡可能对人类社会的可持续发展产生重大威胁。土壤侵蚀降低了土壤的生产力,威胁到粮食安全和农业可持续性,同时生态系统的退化也会影响到水资源供应、气候稳定以及人类居住环境的整体质量。因此,土壤侵蚀问题亟待解决,以维护自然生态系统的完整性,保障人类社会的可持续发展。

三、土地荒漠化的成因与影响

(一)土地荒漠化的成因

1.自然因素

(1)干旱是荒漠化形成的基本条件

异常的气候条件,特别是严重的干旱,对生态环境产生深远影响。干旱不仅直接导致植被退化,还会加速风蚀作用,从而引发荒漠化。在这种极端气候下,植被的生长受到限制,土壤水分严重不

· 98 ·

足,使得植物难以生存和繁衍。同时,干旱还降低了土壤的稳定性,使其更容易受到风力的侵蚀。这种侵蚀作用会进一步剥离土壤表层的细小颗粒,使其暴露在空气中,最终形成沙漠景观。因此,干旱的气候条件在很大程度上决定了当地生态环境的脆弱性。这种脆弱性意味着生态系统在面临外部干扰时缺乏恢复力,容易发生不可逆的变化。

(2)地表松散物质是荒漠化的物质基础

这些物质,如地表松散的沙土和细粒,在遭遇大风吹扬时,极易被风力卷起,形成大规模的风沙活动。这种风沙活动不仅加剧了地表的侵蚀,还使得原本贫瘠的土地更加裸露,从而进一步推动了荒漠化的进程。风沙的肆虐不仅剥夺了土壤的肥力,还严重破坏了周边的生态环境,使得生物栖息地减少,生态系统稳定性下降。因此,大风吹扬作用下的这些物质是荒漠化过程中不可忽视的重要因素。

(3)大风吹拂是荒漠化的动力条件

风力作用下的荒漠化是一个逐步演变的过程,涵盖了发生、发展和形成三个阶段。在风力侵蚀的初期阶段,地表植被开始受到破坏,其根系无法稳固土壤,导致土壤逐渐暴露于风力之下。随着侵蚀的加剧,土壤颗粒逐渐被风力带走,土壤结构变得松散,肥力下降,这一过程即土壤的沙化。最终,在持续的风力作用下,地表植被几乎完全消失,土壤严重沙化,形成了一片荒芜的荒漠。这一过程不仅改变了地表景观,还对生态系统造成了严重破坏,威胁着人类和其他生物的生存。

(4)缺乏植被保护也是荒漠化的重要原因之一

植被在防止荒漠化过程中扮演着至关重要的角色。它们通过根系固定土壤,有效减缓风速,降低地表温度,并减少水分的蒸发。这些功能共同维护着土壤的肥力和稳定性,为生态系统的健康提供了基础保障。然而,由于自然因素如极端气候、火灾等,或人为因素如过度开垦、乱砍滥伐等,地表植被可能遭受严重破坏。这种破坏削弱了植被对土壤的保护作用,使得土壤更容易受到风力和水力的侵蚀,加速了土壤的风化和退化。因此,保护地表植被,维护生态系统的完整性,对于防止荒漠化具有重要意义。

2. 人类活动

土地荒漠化的人为因素主要包括过度开垦、过度放牧、乱砍滥伐以及水资源不合理利用等。这些活动破坏了植被,加速了土壤侵蚀,导致了荒漠化。例如,过度开垦使得土壤暴露于风力和水力之下,导致土壤贫瘠和荒漠化;过度放牧使得草原上的植被被过度啃食和踩踏,导致土壤裸露和荒漠化;乱砍滥伐使得森林面积减少,破坏了生态平衡,加剧了水土流失和荒漠化;水资源不合理利用则导致地下水位下降,土壤盐碱化和荒漠化。这些人为因素不仅直接影响了土地状况,还对整个生态系统造成了破坏,对人类和其他生物的生存造成了威胁。因此,我们需要采取措施来减少这些影响,保护土地和生态系统。

(二)土地荒漠化的影响

1. 生物多样性的丧失

荒漠化对生物多样性产生了严重的负面影响。由于荒漠化导致生物栖息地减少,许多物种失去了适宜的生存环境,种群数量因此下降。这种生物多样性的丧失不仅意味着生态系统中物种数量的减少,还意味着生态系统中基因、物种和生态系统多样性的降低。生物多样性的丧失对生态系统的稳定性和功能造成了严重影响。生物多样性是生态系统稳定性的基础,不同物种在生态系统中发挥着不同的作用,共同维持着生态系统的平衡。当生物多样性降低时,生态系统的稳定性也随之降低,容易受到外界因素的干扰,甚至可能崩溃。此外,生物多样性还对生态系统的功能产生影响。不同物种在能量流动、物质循环和信息传递等生态过程中发挥着重要作用。当生物多样性降低时,这些生态过程可能会受到影响,导致生态系统功能的降低或丧失。

2. 农业生产受损

荒漠化对农业生产的影响是显著的。荒漠化导致耕地面积减少,土壤肥力下降,从而严重影响了农业生产。荒漠化过程中,由于风蚀、水蚀等作用,大量耕地被侵蚀,转化为沙漠或半沙漠地带。这使得可用于耕种的土地面积不断减少,制约了农业生产的发展。荒漠化导致土壤肥力下降,土壤肥力是支持农作物生长的重要因素,包括有机质、矿物质、水分和空气等。荒漠化过程中,土壤的有机质和水分含量降低,矿物质流失,土壤结构和通透性恶化,导致土壤肥力下降。这使得农作物的生长受到限制,产量和质量受到影响。荒漠化对农业生产的影响可能导致食物短缺和食品安全问题。当农业生产受到严重影响时,食物供应可能不足,导致人们的食物短缺。同时,农作物产量的下降也可能影响食品价格,使得食品安全问题更加突出。这不仅对个人和家庭造成困扰,也对整个国家和社会的发展造成威胁。食物短缺和食品安全问题可能导致社会不稳定和经济发展的滞后。

3. 自然灾害加剧

荒漠化对土壤和地表的影响导致了土壤侵蚀和地表裸露,从而增加了发生滑坡、泥石流等自然灾害的风险。这些自然灾害对人类和环境造成了巨大的破坏和损失。荒漠化过程中,由于植被覆盖的减少和土壤结构的破坏,土壤侵蚀加剧。土壤侵蚀导致地表土壤流失,形成沟壑和陡坡。这些地形变化为滑坡和泥石流的形成提供了条件。滑坡是指斜坡上的土体或岩体在重力作用下整体下滑的现象。在荒漠化地区,由于地表土壤疏松和植被覆盖的减少,滑坡的发生更为频繁和严重。滑坡可能造成建筑物、道路和农田的损坏,甚至威胁到人们的生命安全。泥石流是指大量泥沙、石块和水的混合体沿沟谷或坡面急速流动的现象。在荒漠化地区,由于地表侵蚀和沟谷的形成,泥石流的发生也更为常见。泥石流具有强大的破坏力,可以对下游地区的村庄、农田和基础设施造成严重破坏。这些自然灾害的发生不仅对人类社会造成直接的经济损失和人员伤亡,还会对环境造成长期的破坏。滑坡和泥石流可能导致土地资源的丧失、生态系统的破坏和生物多样性的降低。

4. 土地生产力下降

荒漠化对土壤质量造成了严重的影响,导致土壤贫瘠、盐碱化、旱化等问题,使得土地生产力下降。这不仅对农业生产造成负面影响,还可能引发土地资源的丧失,对人类经济社会发展造成深远的影响。荒漠化导致土壤贫瘠。在荒漠化过程中,土壤中的有机质和养分被侵蚀和分解,使得土壤的肥力下降。这使得土地无法提供足够的养分给植物,导致植物生长受限,甚至死亡。土壤贫瘠化使得农业生产效率降低,农作物产量和质量下降,威胁食品安全和农业可持续发展。荒漠化还导致土壤盐碱化。在干旱和半干旱地区,由于蒸发作用强烈,土壤中的盐分随着水分蒸发逐渐积累,形成盐碱化。盐碱化的土壤对植物生长产生毒害作用,抑制植物的生长和发育。这使得土地的生产力进一步降低,甚至可能变成无法利用的盐碱滩涂。此外,荒漠化还可能导致土壤旱化。在荒漠化过程中,植被覆盖的减少使得地表土壤裸露,降低了土壤的保水能力。这使得土壤在干旱季节容易失去水分,而在雨季又容易受到水分的冲刷侵蚀。旱化的土壤无法保持足够的水分供植物生长使用,进一步降低了土地的生产力。土地生产力的下降可能导致土地资源的丧失。当土地生产力严重下降到一定程度时,土地可能变成无法利用的状态,无法支撑人类的经济社会发展。这可能对经济发展、食品安全、人口就业等方面产生负面影响。

第二节 水资源枯竭与地下水污染

一、水资源枯竭与地下水污染的概念及定义

水资源枯竭是指一个地区的水资源由于过度开发、污染或气候变化等原因,导致可利用水资源量减少,无法满足该地区经济社会发展和生态保护的需求。地下水污染则是指人类活动引起地下

水化学成分、物理性质和生物学特性发生改变,使质量下降的现象。在定义上,水资源枯竭强调的是水资源的量的问题,即可利用的水资源不足;而地下水污染则更关注水质的改变,即地下水的质量下降。两者都与人类活动和环境变化有关,都可能导致生态系统和人类生存环境的破坏。在水资源枯竭的情况下,即使有足够的地下水资源,如果水质受到严重污染,这些水资源也无法得到有效利用。同样,如果地下水污染严重,即使有足够的水资源量,也难以满足经济社会发展和生态保护的需求。因此,在实践中,需要综合考虑水资源的数量和质量问题,采取有效措施保护和合理利用水资源。

二、水资源枯竭与地下水污染的原因与影响

(一)水资源枯竭与地下水污染的原因

1. 自然因素

(1)气候变化

全球气候变化对水资源的供给产生了显著影响。气候变化导致降水量减少和蒸发量增加,从而减少了可用的水资源量。这些变化对水资源的供给产生了重大影响,导致水资源短缺和水资源管理面临挑战。全球气候变化导致降水量减少,气候变化影响降雨的分布和强度,使得一些地区的降水量减少,加剧了水资源短缺的问题。例如,在一些地区,夏季降雨量减少,而冬季则几乎没有降雨,导致年度总降水量减少,影响了农业生产和居民用水。全球

气候变化导致蒸发量增加,随着气温升高,地表水和地下水的蒸发量增加,这使得可用水资源量进一步减少。蒸发是水循环中的一个关键环节,它影响着地表水和地下水的补给。在蒸发量增加的情况下,水资源补给减少,导致水资源短缺。此外,全球气候变化还通过其他方式影响水资源的供给。例如,气候变化导致冰川融化,减少了冰川蓄水量,降低了水资源的供给量。同时,气候变化也影响着河流的水量和水质,影响河流生态系统的健康和人类用水需求。

(2)地下水资源有限

地下水资源是有限的,过度开采会导致地下水位下降,甚至出现地下水枯竭的现象。这是由于地下水储量有限,如果开采量超过了地下水的自然补给量,地下水位就会下降。如果过度开采继续下去,最终会导致地下水枯竭,影响当地生态和经济发展。气候变化如干旱和蒸发量过大,也会对地下水资源产生负面影响。干旱导致降水量减少,地下水补给量减少,水位下降。同时,蒸发量过大也会使得地表水和地下水大量蒸发,补给量减少,进一步加剧地下水资源的枯竭。

(3)自然灾害

地震、洪水等自然灾害确实可能导致地下水污染。这些灾害可能导致地面污染物进入地下水层,破坏地下水的水质。例如,地震可能导致地层断裂,使原本被隔离的地下水与地表水混合,从而污染地下水。洪水则可能将地面的污染物冲刷入河流湖泊,进而渗入地下水。地下水资源的分布极不均衡,这也是导致水资源枯竭的一个重要因素。由于地理、地质和气候条件的差异,某些地区可能拥有丰富的地下水资源,而其他地区则可能极度缺乏。这种不均衡的分布意味着在某些地区过度开采地下水可能会更快地导致资源枯竭。此外,地下水资源与土地、矿产资源的分布组合不相适应也增加了水资源枯竭的风险。在许多地区,地下水的开采必须与土地利用和矿产开采相协调。不合理的土地利用和矿产开采方式可能导致地下水资源的枯竭或污染。年内年际的变化大也是影响地下水资源的一个重要因素。降雨量、蒸发量、气温等气候因素在不同年份和季节内波动较大,这会影响地下水的补给量和消耗量。如果补给量不足以弥补消耗量,地下水位就会下降,增加水资源枯竭的风险。

2. 人为因素

（1）工业污染

工业生产过程中产生的废水、废气、废渣等污染物,是造成地下水污染的主要人为原因之一。这些污染物可能直接或间接地进入地下水,导致水质下降,对人类和生态系统造成危害。废水是工业污染的主要来源之一。不同行业的废水成分和浓度各不相同,但通常都含有多种有害物质,如重金属、有机物、酸碱等。如果这些废水未经处理或处理不当,直接排入河流湖泊或渗入地下,就会导致地下水污染。废气中的有害物质也可能对地下水造成污染。例如,工业生产过程中产生的硫化物、氮氧化物、挥发性有机物等,经过自然沉降或雨水冲刷,可能进入地下水层。废渣也是造成地下水污染的重要来源之一。工业生产过程中产生的固体废弃物,如煤渣、化工废渣等,可能被非法倾倒或处置不当,导致有害物质渗入地下水。除了工业生产外，其他人为因素也对地下水造成了不同程度的污染。例如，农业活动中使用的化肥、农药等化学物质，经过雨水冲刷或渗透作用，可能进入地下水。城市生活中产生的污水、垃圾等污染物，也可能对地下水造成污染。

（2）农业污染

农业活动是地下水污染的另一个重要来源。在农业生产过程中，为了提高作物产量，大量使用化肥和农药。这些化学物质在土壤中残留并被雨水或灌溉水淋溶，进而渗入地下水，造成污染。例如，氮肥中的氮氧化物、磷肥中的磷元素等，都可能对地下水造成污染。畜禽养殖也是农业活动中导致地下水污染的重要因素之一。畜禽粪便中含有大量的氨氮、磷等污染物，如果未经妥善处理，直接排入土壤或地表水，会进一步渗透进入地下水，造成污染。随着工业化的加速，水资源被大量开采用于生产和生活。工厂的污水处理系统不能被很好地使用，导致工业污水大量排入江河湖海，最终导致水污染的产生。工业污水中的有害物质种类繁多，包括重金属、有机物、酸碱等，对地下水造成严重污染。

（3）城市污水排放

城市生活污染是地下水污染的另一个重要来源。随着城市化进程的加速，城市生活中产生的大量污水，包括生活污水、工业废水等，如果未经妥善处理或处理不彻底，直接排入地下水或河流湖泊，就会对地下水造成严重污染。这些污水中的有害物质包括重金属、有机物、病毒和细菌等，对地下水的水质产生严重影响。此外，农业活动中广泛使用的农药和肥料也是导致地下水污染的重要因素之一。农药和肥料中的有害物质通过土壤的渗透作用进入地下水体系,导致地下水污染。这些有害物质包括有机氯、有机磷、重金属等,对人类和生态系统造成严重危害。除了工业生产、农业活动和城市生活污染外,还有其他一些因素也可能导致地下水污染。例如,采矿活动、油库泄漏、垃圾填埋场渗漏等,都可能对地下水造成不同程度的污染。

(4)不合理的水资源开发利用

过度开采地下水会导致地下水位下降,这不仅对水资源本身造成了影响,还可能对整个水体造成严重污染。当水位下降时,原本清澈的水会变得浑浊,水质严重下降。这主要是因为地下水的过度开采导致水体失去了自然净化和循环的能力。过度开采地下水会导致水体中的悬浮物增加,随着水位的下降,地下水与地表的接触面减少,原本可以通过土壤和植被自然过滤的悬浮物无法得到有效去除。这些悬浮物主要包括泥土、有机物和矿物质,它们在地下水中积累,使水变得浑浊。过度开采还可能导致地下水中的溶解氧含量下降,地下水与地表水的互动是通过溶解氧来实现的。当水位下降,地下水与地表接触的时间和面积减少,溶解氧的补给量也随之减少。溶解氧的减少会使水体变得更为浑浊,因为一些微生物和有机物在缺氧环境下会大量繁殖,进一步影响水质。此外,过度开采还可能引发地下水中的化学物质失衡。在自然状态下,地下水中的化学物质是相对稳定的。但过度开采会打破这种平衡,导致一些化学物质如硬度、pH 值等发生变化,这些变化都会影响地下水的清澈度。

（二）水资源枯竭与地下水污染的影响

1. 对环境和人类社会都有严重影响

地下水作为重要的供水来源,其枯竭会导致水资源短缺,使得可用水量减少,这无疑增加了水资源压力。这种压力可能对农业、工业和居民生活用水造成困难,进一步影响正常的生产和生活活动。对于农业来说,地下水的枯竭可能导致农田无法得到充足的水分,影响农作物的生长和产量。这不仅对农民的生计造成影响,还可能对整个国家的粮食安全产生威胁。在工业方面,许多生产过程都需要大量的水资源。如果地下水枯竭,一些企业可能面临生产中断或成本增加的困境。这不仅会影响企业的经济效益,还可能对整个工业园区的运行造成影响。对于居民生活用水,地下水枯竭可能导致供水不足,影响居民的正常生活。长期缺水可能导致人们的生活质量下降,增加健康风险,引发社会不稳定因素。

2. 对水质的影响

水体中的有害物质含量超标会对人体健康造成严重危害。这些有害物质可能包括重金属、化学物质、病毒和细菌等,它们通过饮用水或与水体接触的途径进入人体。长期饮用被污染的地下水,可能会导致各种健康问题,包括但不限于癌症、心血管疾病、生殖系统疾病等。例如,某些重金属如铅、汞等可能增加患癌症的风险,而化学物质可能对心血管系统造成影响。此外,病毒和细菌污染可能导致腹泻、呕吐、发烧等症状,对儿童和老年人等弱势群体的健康威胁更为严重。除了直接饮用被污染的水,与被污染的水体接触也可能对人体健康造成危害。例如,使用被污染的地下水进行洗澡或洗涤,可能会导致皮肤瘙痒、皮疹等问题。因此,保护地下水资源免受污染至关重要。需要采取有效的措施来管理和保护地下水资源,包括加强水质监测、减少污染源的排放、提高用水效率等。只有确保地下水资源的清洁和安全,才能保障人们的健康和生命安全。

3. 对生态系统的影响

地下水作为许多生态系统的水源,其污染对生态系统的影响不容忽视。地下水的污染可以影响动植物的生长和繁衍,破坏生态平衡。对于植物来说,地下水是重要的水分来源。如果地下水受到污染,植物的生长可能会受到影响,导致植被退化、生物量减少等问题。这不仅会影响植物的生存,还可能对整个生态系统的物质循环和能量流动造成影响。对于动物来说,地下水污染可能对它们的生存和繁衍造成威胁。一些动物直接饮用地下水,而其他动物的食物来源也与地下水有关。如果地下水受到污染,动物可能会生病或死亡,导致种群数量减少甚至灭绝。此外,地下水污染还可能对土地和地表水造成影响。地下水和地表水之间存在相互补给的关系。如果地下水受到污染,地表水也可能受到影响,导致水质下降。同时,污染的地下水还可能渗透到土壤中,对土地造成污染,影响农作物的生长和质量。

4. 对经济发展的影响

解决水资源短缺问题需要投入大量资金,这不仅包括建设新的供水设施,还需要治理和修复被污染的水体。这些措施不仅增加了经济负担,还可能对地区经济的发展造成制约。建设新的供水设施需要大量的投资,包括资金和人力。需要建设水厂、输水管线、储水设施等,以确保有足够的水量满足需求。这些设施的建设可能需要较长时间,并且需要持续地维护和管理。同时,治理和修复被污染的水体也需要大量的资金投入。需要采取技术措施,如污水处理、水质净化等,以降低水体中有害物质的含量。这些措施需要持续的运行和维护费用,增加了经济负担。此外,解决水资源短缺问题还可能对地区经济的发展造成制约。农业、工业和旅游业等都是依赖水资源的产业,如果水资源短缺问题得不到有效解决,这些产业的发展可能会受到限制。这可能导致经济增长放缓或经济结构调整的需要,对地区经济造成影响。

三、我国水资源枯竭与地下水污染的现状

(一)我国水资源分布不均

我国水资源分布不均是一个长期存在的问题,主要是由于气候、地形和人为因素等多种原因造成的。从时间上来看,我国降雨主要集中在夏季,而春季和冬季则是枯水期,这导致水资源的时间分布不均。此外,我国南方地区降雨量较多,北方地区降雨量较少,这也导致了水资源南北分布不均。从空间上来看,我国水资源分布也不均衡。长江、珠江、松花江、淮河和太湖等流域是我国主要的产水区,但是这些流域的面积只占全国总面积的15%,而其他85%的地区则是缺水区。特别是西北内陆地区,气候干燥,降水稀少,水资源量仅占全国总量的5%,但是这些地区却是我国重要的

农业区和牧区,人口和经济发展也相对较为集中,因此水资源供需矛盾十分突出。除了自然因素外,人类活动也对水资源分布造成了影响。例如,过度地开采和利用、水污染、不合理的水资源管理等问题都会导致水资源枯竭和地下水污染等问题。

(二)地下水污染区域分布

我国地下水污染区域分布主要集中在华北平原、松辽平原、江汉平原和长江三角洲等地区。其中,华北平原的地下水污染尤为严重,主要是由于该地区气候干旱、地下水开采过度以及工农业发展等原因导致的。此外,北方城市的地下水污染重于南方城市,主要是因为北方地区水资源相对匮乏,对地下水的依赖程度更高,同时北方地区的工业和城市发展也更为集中。根据不同的污染源和污染物类型,地下水污染区域可以分为点状污染和面状污染。点状污染主要是由于工业废水、废气和固体废弃物的排放,以及城市污水和垃圾的渗漏等原因导致的。这种污染形式通常集中在某个特定区域,如工业园区、城市污水处理厂和垃圾填埋场等附近地区。面状污染则主要是由于农业活动、工业生产和城市扩张等原因导致的,通常分布在较大的区域内。

第三节　矿山开采与生态破坏

一、矿山开采的原因与影响

(一)矿山开采的原因

1. 资源利用

矿山中蕴藏着丰富的矿产资源,这些资源包括煤炭、铁矿、铜矿、金矿等,这些资源是现代工业生产和人们日常生活所必需的。通过开采,人们可以获取这些资源,并将其用于生产、生活等各个领域,从而推动经济发展。矿产资源的开采可以促进工业生产和制造业的发展,例如,钢铁、有色金属、石油等资源的开采可以提供原材料,进而促进相关产业的发展。这些产业的发展可以带来大量的就业机会和经济效益,对经济增长产生积极的影响。矿产资源的开采还可以满足人们日常生活的需求,如,煤炭、石油等资源的开采可以提供能源,满足人们生产和生活的需求;铁矿、金矿等资源的开采可以提供金属材料和贵金属,用于制造各种生活用品和饰品。然而,在开采矿产资源的同时,也需要注意环境保护和可持续发展。采矿活动可能会对环境造成破坏,如破坏地形、破坏生态平衡等。因此,在开采矿产资源时,需要采取有效的环境保护措施和技术手段,确保资源的可持续利用和生态环境的健康。

2. 市场需求

随着人口增长和经济发展,对矿产资源的需求不断增加。矿产资源是现代工业生产和人们日常生活所必需的,如钢铁、石油、铜等,这些资源被广泛应用于制造、能源、交通等领域。随着科技的不断进步和人们生活水平的提高,对矿产资源的需求还将继续增加。为了满足市场需求,需要开采矿山来提供稳定的供应。矿山开采是一种获取矿产资源的重要方式,通过科学合理开采,可以确保资源的可持续利用,保障市场的稳定供应。同时,矿山开采也可以带动相关产业的发展,如运输、制造、服务等,这些产业的发展可以创造更多的就业机会和经济效益。然而,在开采矿山时也需要注意环境保护和可持续发展。采矿活动可能会对环境造成破坏,如破坏地形、破坏生态平衡等,因此需要采取有效的环境保护措施和技术手段,确保资源的可持续利用和生态环境的健康。同时,还需要加强矿山的科学管理和技术更新,提高资源的利用率和采矿效率,降低资源的浪费和污染。

3. 经济增长

矿山开采是一项高投入、高回报的投资活动。在开采过程中,企业需要购买采矿设备、雇用劳动力、进行市场推广等,这些都需要大量的资金投入。但是,一旦矿山开始运营,其产出和收益也相当可观。矿产资源的价格通常较高,而且市场需求也较为稳定,因此矿山开采的回报率往往较高。通过开采矿山,还可以带动相关产业的发展。矿山开采需要大量的采矿设备、运输工具、技术支持等服务,这就会为相关产业创造商机。例如,矿山开采需要用到大量的工程机械、运输车辆等,这将促进机械制造业和交通运输业的发展;同时,采矿过程中需要各种技术支持和服务支持,这也将促进科技服务业的发展。此外,矿山开采还可以增加就业机会。矿山开采需要大量的劳动力,包括直接从事采矿的工人、技术人员、管理人员等。这不仅可以解决大量劳动力的就业问题,还可以为当地经济发展提供动力。矿山开采对地区经济增长有显著的促进作用。矿山开采的收益和相关产业的发展都会为地区经济带来可观的收入和税收,这些收入和税收可以用于改善基础设施、发展教育、医疗等公共服务,进一步提高当地居民的生活水平。

4. 生态环境的保护

合理开发和利用矿产资源是实现经济发展和环境保护双赢的重要途径。通过科学合理开发和利用,可以减少对环境的破坏,降低资源的浪费和污染,实现可持续发展。合理开发和利用矿产资源可以减少对环境的破坏,采矿活动可能会对地形、生态平衡等方面造成影响,如果采取合理的开发方式和管理措施,可以降低对环境的破坏程度。例如,采用绿色采矿技术,减少废石、废水的排放,保护矿区生态环境,实现绿色采矿。通过科学管理和技术更新,可以降低矿产资源的浪费和污染。随着科学技术的不断进步,越来越多的新技术、新方法被应用于矿产资源的开发和利用中。通过技术更新和管理创新,可以提高矿产资源的利用率和采矿效率,降低资源的浪费和废水的排放,减少对环境的污染。此外,合理开发和利用矿产资源还需要注重经济效益和社会效益的统一。在矿产资源的开发和利用过程中,需要充分考虑市场需求、资源条件等因素,制订科学合理的开发方案和利用计划。同时,还需要注重资源开发与当地社区发展的协调,保障当地居民的权益和生活水平。

（二）矿山开采的影响

1.水资源污染

矿山开采过程确实是一个水资源密集型的活动,大量水被用于矿石的提取、加工和场地清洁等环节。不幸的是,这种高强度的水资源使用往往伴随着水资源的过度抽取,这不仅可能降低地下水位,还可能影响到周边地区的供水安全。更为严重的是,矿山作业中产生的废水通常含有矿石中的重金属、有毒化学物质和其他污染物。当这些废水未经妥善处理就直接排放到自然水体时,就会对水源地造成污染。这种污染对水生生物来说尤为致命。重金属和有毒化学物质能在水生生物体内积累,破坏其生理功能,导致生长异常、繁殖障碍甚至死亡。随着时间的推移,这些污染物还可能通过食物链放大效应,影响到更高层次的生物,包括人类。此外,水体的污染还会破坏生态系统的平衡,降低水体的自净能力,使得水体变得更加容易受到其他外界压力的冲击。

2.大气污染

矿山开采过程中,不可避免地会产生大量粉尘、废气和有害化学物质。这些污染物随着空气流动迅速扩散到周围环境,严重污染空气。粉尘主要由细小的矿石颗粒组成,长时间悬浮在空中,不仅降低空气质量,还影响视线和交通安全。废气中常含有硫氧化物、氮氧化物等有害气体,它们与大气中的水和其他化学物质反应,可能形成酸雨,对建筑物、农作物和土壤造成损害。更为严重的是,这些有害化学物质和废气对人类健康构成巨大威胁。长期吸入粉尘会导致呼吸系统疾病,如尘肺病,而有害气体则会损害呼吸系统、心血管系统等,甚至引发癌症。对于生活在矿山附近的居民来说,他们面临的风险更大。此外,这些空气污染物还会对生态系统造成破坏。植物叶片上的粉尘会阻碍光合作用,影响植物生长;动物吸入有害物质后,可能导致生理机能紊乱,繁殖能力下降,甚至死亡。生态系统的破坏进而影响到整个生物链的稳定性和多样性。

3. 土壤污染

矿山开采过程中不可避免地会产生大量废石、废渣等固体废弃物。这些废弃物若未得到妥善处理,直接堆放在地表或排入土壤,就会对土壤环境造成严重污染。废弃物中的重金属、有毒化学物质和其他有害物质会渗透到土壤中,改变土壤的化学性质,破坏土壤的结构和功能。受污染的土壤对农作物的生长极为不利。有害物质会被植物吸收,导致植物生长异常、产量下降,甚至死亡。人类在食用这些受污染的农作物后,也会间接摄入有害物质,对健康造成潜在威胁。长期摄入受污染的食物可能引发各种疾病,如重金属中毒、癌症等。

4. 地质灾害

矿山开采活动往往深入山体内部,挖掘出大量的矿石和岩石,这样的过程极大地破坏了山体的天然稳定状态。随着矿物的不断被采出,原本支撑着周围岩(土)体的力量逐渐减弱,导致岩(土)体出现应力重新分布,进而可能产生裂缝、变形等现象。这些变形若不及时得到控制和治理,在外界因素如降雨、地震、风化等的作用下,很容易诱发崩塌和滑坡等地质灾害。而滑坡则是指斜坡上的土体或者岩体,受河流冲刷、地下水活动、雨水浸泡、地震及人工切坡等因素影响,在重力作用下,沿着一定的软弱面或者软弱带,整体地或者分散地顺坡向下滑动的自然现象。

5. 生物多样性丧失

矿山开采对原始生态系统和栖息地造成了深远的破坏。在开采过程中,大片的森林、草地和湿地被清除,以便为矿场、道路和设施腾出空间。这些清除活动不仅直接摧毁了动植物的栖息地,还导致了栖息地的破碎化,使得原本连续的生态区域被分割成孤立的小块。栖息地的丧失和破碎化对许多物种来说意味着生存的威胁。一些物种因为无法适应新的环境而灭绝,而另一些物种则因为栖息地的减少和隔离而面临种群数量下降、遗传多样性减少等问题。生物多样性的丧失不仅影响了生态系统的稳定性和功能,还削弱了生态系统为人类提供服务的能力,如净化空气、调节气候、提供食物和药物等。

6. 土地破坏

矿山开采确实需要大面积的土地来容纳各种设施、进行采矿活动以及储存废物。这种大规模的土地占用往往导致土地表面的直接破坏。为了获取矿产资源,土地可能被剥离或移除表层土壤和岩石,这不仅改变了地形地貌,还严重破坏了原生植被。这些植被原本是生态系统的重要组成部分,为众多生物提供食物和栖息地。同时,采矿活动还可能导致地面沉降和地质变形。随着矿物的被采出,地下空间变得空虚,上方岩层失去支撑,可能发生沉降。

这种沉降不仅影响采矿区域本身,还可能波及周边地区,对建筑物、道路和基础设施造成损害。地质变形则包括地层的移动、断裂和扭曲等,这些变化会进一步加剧地面的不稳定,增加发生地质灾害的风险。

7. 社区影响

矿山开采往往不可避免地与当地社区和居民产生紧密的联系,而这种联系通常带有复杂的社会经济影响。采矿活动本身就是一项重工业,其作业过程中产生的振动、噪声、粉尘等污染物质,都可能直接破坏当地居民的住房和生活设施。居民的房屋可能出现裂缝,生活用水可能受到污染,生活环境质量大幅下降,进而对他们的日常生活和健康造成严重影响。除此之外,矿山开采也可能对当地经济产生深远影响。一方面,采矿项目往往能带来一定的就业机会,吸引外来劳动力,促进当地的经济活动。然而,另一方面,采矿也可能导致资源诅咒现象,即丰富的矿产资源反而抑制了其他经济部门的发展,使当地经济过度依赖矿产资源的开采和出口。一旦矿山资源枯竭或市场需求下降,当地经济就可能陷入困境。同时,采矿活动对环境的破坏也可能影响当地的长期发展。例如,破坏性的采矿方法可能导致土地退化、水源枯竭等环境问题,这些问题不仅影响当地居民的生活,还可能降低当地的投资吸引力,阻碍经济的可持续发展。

二、矿山生态破坏的表现

(一)地面生态环境破坏

矿山开采对生态环境造成了严重破坏。直接占用土地使得耕地、森林和草地等原始地貌受到损害,这些原本提供重要生态服务的自然区域被剥夺了原有的功能。同时,地下采空导致地面稳定性下降,可能出现地面沉陷,对地表建筑物和基础设施构成威胁。地面及边坡的开挖进一步加剧了地形的改变,破坏了自然景观。废渣尾矿的排放不仅占用了大量土地,还可能导致水土流失和土地沙化,使原本肥沃的土地变得贫瘠。更为严重的是,尾矿库一旦溃坝,将造成巨大的环境灾难,对下游生态系统和人类生活产生深远影响。这些破坏形式共同构成了矿山开采对生态环境的全面冲击,凸显了矿业活动对自然环境的巨大压力。

(二)水资源破坏

矿山开采过程中的疏于排水以及废水、废渣的排放对水环境造成了严重的破坏和污染。这些活动打破了地表水和地下水的天然均衡系统,导致了大面积的水资源问题。疏于排水形成了漏斗状的地下水降落区域,使得泉水干涸、水资源逐渐枯竭。河流也因为缺乏补给而断流,地表水则因为塌陷而渗入地下。这些变化对矿山地区的生态环境产生了深远的影响,破坏了自然的水平衡。同时,矿山附近的地表水体经常被用作废水、废渣的排放场所,这些含有有害物质的水体直接污染了周边环境。更为严重的是,一且这些污染物渗透到地下,就会直接污染地下水,甚至是饮用水源。这种污染不仅难以治理,而且对人类健康构成严重威胁,后果不堪设想。因此,矿山开采过程中的水环境保护至关重要,必须采取有效措施来防止和减轻这种破坏和污染。

(三)地质灾害

矿业活动对矿区的应力平衡系统产生了深刻的影响,使其成为地质应力变化最为显著的区域。这种变化导致了多种次生地质灾害的频繁发生,包括崩塌、滑坡、泥石流、地面塌陷、地面沉降以及地裂缝等。这些灾害不仅直接威胁着矿山工作人员和周边居民的生命安全,还可能对基础设施造成严重破坏。例如,交通线路可能因地质灾害而中断,建筑物可能因地面沉降或裂缝而损坏,给人们的日常生活和经济发展带来极大不便。因此,在矿业活动中,必须高度重视地质灾害的预防和治理工作,以确保矿山安全和社会稳定。

(四)空气污染

矿山开采过程中,不可避免地会产生大量粉尘、废气和有害化学物质。这些污染物随着空气流动,迅速扩散到矿山周围的环境中。它们对生态系统造成破坏,影响动植物的生存和繁衍。同时,这些有害物质也对人类健康构成严重威胁。长期吸入粉尘和有害气体,人体易患上呼吸系统疾病,如肺炎、支气管炎等,甚至可能发展为严重的职业病,如尘肺病。此外,这些污染物还可能增加心血管疾病的风险,对人体健康造成全方位的损害。因此,矿山开采过程中的空气污染问题不容忽视,必须采取有效措施加以控制,以保护生态环境和人类健康。

(五)地表塌陷

矿山地表塌陷是矿山开采过程中一种常见的地质灾害现象。它通常是由于地下矿体被开采后,矿层上部及周围的岩石失去支撑,原有的应力平衡状态被破坏,从而导致岩层发生弯曲、变形、破裂和移动。当这些岩层的移动达到一定程度时,就会引发地表塌陷。矿山地表塌陷不仅对矿山生产安全构成威胁,还可能对周边环境和居民生活造成严重影响。塌陷区可能导致地表建筑物、道路、管线等设施的损坏,甚至可能引发更大范围的地质灾害。同时,塌陷还可能破坏地下水资源,导致水位下降、水质恶化等问题。

三、我国矿山开采与生态破坏现状及政策举措

(一)当前现状

1. 矿山开采面积及分布

我国矿山开采与生态破坏的现状确实较为严重。随着经济的快速发展,人们对矿产资源的需求不断增加,矿山开采规模持续扩大,但随之而来的生态环境问题也日益突出。目前,我国矿山开采主要集中在煤炭、金属矿产、非金属矿产等领域。然而,由于部分矿山企业环保意识薄弱、技术落后、管理不善等原因,矿山开采过程中存在大量的生态环境破坏行为。具体来说,生态环境破坏行

为表现为地表塌陷、地裂缝、滑坡、泥石流等地质灾害频发。这些地质灾害不仅破坏了原有的地形地貌，还给人们的生命财产安全带来了极大的威胁。同时，矿山开采还导致了水资源破坏，地下水位下降、水质恶化、水源枯竭等问题日益突出。大量土地被占用和破坏，植被破坏、水土流失等问题严重，这些问题不仅影响了土地资源的可持续利用，还对生态环境造成了极大的破坏。此外，矿山开采过程中产生的粉尘、废气等有害物质对周边环境和居民健康造成了威胁。空气污染问题日益严重，这些问题不仅影响了居民的生活质量，还给当地的经济和社会发展带来了极大的挑战。然而，我国矿山生态修复工作也存在一定的困难。由于历史原因和技术限制，部分老矿山和废弃矿山的生态修复难度较大，需要投入大量的人力、物力和财力。此外，一些矿山企业还存在生态修复责任不明确、资金缺乏、技术不成熟等问题，这些问题导致生态修复工作进展缓慢。

2. 生态破坏区域分布

我国矿产生态破坏区域的分布广泛，主要受矿山开采活动的影响。由于不同地区矿山类型、开采方式、地质条件以及生态环境脆弱性等因素的差异，矿产生态破坏的程度和类型也各不相同。一般来说，我国煤炭开采主要集中在山西、陕西、内蒙古、新疆等大型煤炭基地，这些地区的生态破坏主要表现为地表塌陷、地裂缝、水资源破坏等。金属矿产开采则广泛分布于全国各地，其中一些老矿区和大型矿山的生态破坏问题较为突出，如铁矿开采可能导致地表植被破坏、水土流失等。非金属矿产开采主要集中在石灰石、石膏、盐矿等资源丰富的地区,这些矿山的生态破坏相对较小,但也不容忽视。从区域分布来看,我国矿产生态破坏主要集中在中西部地区,特别是黄土高原、秦岭-淮河以北的干旱半干旱地区以及西南地区的喀斯特地貌。这些地区的生态环境本身较为脆弱,加上矿山开采活动的影响,生态破坏问题更加严重。需要注意的是,以上仅为我国矿产生态破坏区域分布的一般情况,具体情况还需根据不同地区、不同矿山的实际情况进行深入调查和研究。同时,随着国家对生态环境保护力度的加强,未来矿山开采和生态修复也将会更加注重区域差异和生态环境保护的需求。

(二)政策举措

1. 矿山生态环境恢复治理政策

矿山生态环境恢复治理政策是一个全面而系统的政策框架,旨在应对矿山开采活动对生态环境造成的破坏。这一政策涵盖了多个方面,从法律法规的制定和执行,到财政、税收等经济手段的激励,再到技术标准的设定和监管执法的强化,都体现了政府对矿山生态环境恢复治理的高度重视。在法律法规层面,我国通过《环境保护法》《矿产资源法》等一系列法律法规,明确了矿山企业的环保责任和违法行为的处罚措施,为矿山生态环境恢复治理提供了法律保障。同时,国家和地方政府还制定了矿山生态环境恢复治理规划,对治理工作进行了系统安排和部署,确保了治理工作的有序进行。在经济手段方面,政府通过财政补贴、税收优惠等政策措施,鼓励和支持矿山企业积极开展生态环境恢复治理工作。这些经济激励措施有助于引导矿山企业加大环保投入,推动治理工作的深入开展。此外,政府还制定了矿山生态环境恢复治理的技术标准和规范,为矿山企业提供了技术指导和依据。这些技术标准和规范确保了治理工作的科学性和有效性。在监管执法方面,政府部门加强了对矿山生态环境恢复治理的监管力度,严厉打击违法违规行为,保障了治理工作的顺利实施。同时,政府还鼓励社会公众参与监督,共同推动矿山生态环境恢复治理工作的开展。

2. 绿色矿山建设

绿色矿山建设是一种综合性的矿业发展模式,旨在通过采用科学、合理、可持续的开采方式和技术手段,实现矿产资源的高效利用和生态环境的保护。这一建设过程涵盖了多个方面,包括矿山规划、设计、建设、运营和闭坑等各个阶段,都体现了对环境保护和可持续发展的高度重视。在绿色矿山建设中,注重从源头上预防和控制环境污染,通过优化矿山布局、提高资源利用率、减少废弃物排放等措施,降低对生态环境的影响。同时,积极推广清洁能源和绿色技术,促进矿山生产过程中的节能减排和低碳发展。此外,绿色矿山建设还强调矿山企业的社会责任和公众参与,鼓励矿山企业积极履行社会责任,加强与当地社区的沟通和合作,共同推动矿业的可持续发展。同时,倡导公众参与和监督矿山企业的环保行为,增强公众的环保意识和参与度。

3. 矿山地质环境监测与管理

矿山地质环境监测与管理是确保矿山安全生产和生态环境保护的重要环节。这一工作通过对矿山地质环境进行全面、系统、实时的监测和管理,旨在及时掌握矿山地质环境的变化情况,预防和减轻矿山开采对地质环境造成的破坏和污染。在矿山地质环境监测方面,主要监测内容包括矿山地质构造、水文地质条件、工程地质条件、环境地质问题等。通过采用先进的监测技术和设备,对矿山地质环境进行定期或实时的监测,获取准确、可靠的数据和信息,为矿山安全生产和生态环境保护提供科学依据。在矿山地质环境管理方面,需要建立完善的管理体系和制度,明确管理职责和要求。同时,加强对矿山企业的监管和执法力度,确保矿山企业严格遵守相关法律法规和标准规范,落实矿山地质环境保护措施。此外,还需要加强矿山地质环境保护的宣传和教育,提高公众对矿山地质环境保护的认识和参与度。矿山地质环境监测与管理是一个系统性、长期性的工作,需要政府、企业和社会各方的共同努力和参与。通过加强矿山地质环境监测与管理,可以及时发现和解决矿山地质环境问题,保障矿山安全生产和生态环境的可持续发展。

第五章 地质环境保护策略与技术措施

第一节 土地复垦与生态修复

一、土地复垦与生态修复的内涵

(一)土地复垦与生态修复的定义

土地复垦法主要针对因挖损、塌陷、压占、污染等造成破坏的土地,通过工程技术和生物技术等手段进行修复和治理,使其恢复到可利用的状态。土地复垦的目标是实现土地的再利用和生态系统的恢复,同时保障人类的生产和生活需求。生态修复则是指对生态系统停止人为干扰,以减轻负荷压力,依靠生态系统的自我调节能力与自组织能力使其向有序的方向进行演化,或者利用生态系统的这种自我恢复能力,辅以人工措施,使遭到破坏的生态系统逐步恢复或使生态系统向良性循环方向发展。生态修复的目标是恢复生态系统的完整性和稳定性,同时提高生态系统的服务功能和价值。

(二)土地复垦与生态修复两者的关系

土地复垦与生态修复两者之间存在密切的关系,它们相互促进、相互补充,共同致力于恢复和改善土地及生态系统的状况。

第一,土地复垦是生态修复的基础和前提。土地复垦主要针对因生产建设活动或自然灾害而损毁的土地,通过整治措施使其恢复到可供利用的状态。这一过程中,土地复垦不仅恢复了土地的生产力和使用价值,同时也为生态修复提供了良好的基础条件。在土地复垦的基础上,生态修复才能更有效地进行,因为稳定的土地环境是生态系统恢复和发展的基础。

第二,生态修复是土地复垦的延伸和拓展。在土地复垦的基础上,生态修复进一步关注生态系统的完整性和稳定性,通过恢复植被、改善土壤质量、保护生物多样性等措施,提升生态系统的服务功能和价值。生态修复的成功实施有助于巩固和提升土地复垦的效果,实现土地资源的可持续利用。

第三,土地复垦与生态修复在实践中需要相互协调、相互配合。在制订和实施复垦修复方案时,需要综合考虑土地状况、生态需求、经济成本等因素,确保两者之间的协调性和互补性。同时,还需要加强监管和评估工作,确保复垦修复活动的科学性和有效性。

二、土地复垦与生态修复的关键技术

(一)土壤改良技术

土壤改良技术是土地复垦与生态修复不可或缺的基础环节。

这一技术综合运用物理、化学和生物等多种手段来改良受损土壤的性质和功能。物理改良方法通过深耕、翻土和排水等物理过程，旨在优化土壤结构，提高其透气性和保水能力。化学改良则侧重于通过添加石灰、石膏或有机肥料等化学物质，来调节土壤的酸碱平衡，增加土壤肥力，为植物生长提供必要的养分。而生物改良则借助微生物和植物等生物体的生命活动，来恢复土壤的生态功能，促进土壤中有益微生物的繁殖，从而形成一个健康的土壤生态系统。这些改良方法的综合应用，有助于恢复土地的肥力和生产力，为后续的植被恢复和生态修复工作奠定坚实基础。

(二) 生物修复技术

生物修复技术是利用生物的生命代谢活动来有效减少或消除土壤中的有毒有害物质，使受污染的土壤环境能够逐步或完全恢复至其原始的健康状态。这种技术具有环保、可持续的特点，并逐渐成为土壤污染治理的重要手段。生物修复技术涵盖了多个方面，包括微生物修复、植物修复以及动物修复等。其中，微生物修复利用特定的微生物种类来降解土壤中的污染物；植物修复则通过植物的吸收、积累和转化机制来去除土壤中的有毒物质；而动物修复则利用某些动物对污染物的摄食或转化作用来净化土壤。这些生物修复方法的综合应用，为受污染土壤的治理和生态修复提供了有力的技术支持。

(三) 植被恢复技术

植被恢复是根据生态学原理，借助人工种植和精心管护的手段,旨在使那些因各种因素而遭受破坏的生态系统重新焕发生机。这一过程并非简单地栽种植物,而是要经过深思熟虑的综合规划。在选择植物种类时,必须考虑到它们对当地气候、土壤和水文条件的适应性,确保这些植物能够在新的环境中茁壮成长。同时,植物的配置也是一门艺术,它既要满足生态学的要求,促进生物多样性的恢复,又要注重景观效果的营造,使恢复后的生态系统不仅功能完备,还能为人们带来视觉上的享受。此外,生长速度也是植被恢复过程中一个不可忽视的因素,快速生长的植物能够更快地覆盖裸露的土地,防止水土流失,为其他植物的生长创造条件。因此,植被恢复是一项既科学又系统的工程,需要综合考虑多种因素,才能确保生态系统的成功恢复和持续发展。

(四)工程措施

土地平整、排水系统建设以及防护林建设等措施,在生态修复过程中扮演着至关重要的角色。土地平整能够消除地势不均带来的问题,为植物的生长提供一个平坦且稳定的基质。排水系统的建设则有助于调节土壤湿度,防止水分过多或过少对植物生长造成的不利影响,确保植物根系的健康发育。而防护林的建设不仅能够减缓风速、降低温度波动,为植物创造一个更为温和的小气候环境,还能有效防止水土流失,保护土壤肥力。这些措施的综合运用,为植物的生长创造了良好的环境条件,从而有力促进了整个生态系统的恢复与重建。

三、土地复垦与生态修复的政策建议

(一)强化政策法规的引导和约束作用

进一步完善土地复垦与生态修复相关的政策法规是当务之急。这要求我们明确界定政府、企业、社会组织和公众等各方在土地复垦与生态修复中的责任和义务,确保每个参与者都能清晰了解自己的角色和职责。同时,规范操作流程也是关键,从项目立项、审批、实施到验收等各个环节都应制定详细的标准和程序,确保所有工作都能依法依规进行。为了增强政策法规的约束力和激励作用,我们还必须加大对违法行为的处罚力度。对于违反土地复垦与生态修复规定的行为,应依法予以严厉打击,让违法者付出应有的代价。同时,我们也应建立有效的激励机制,通过政策扶持、财政补贴、税收优惠等手段,鼓励更多的社会力量积极参与到土地复垦与生态修复工作中来。

(二)加强跨部门协调与合作

建立多部门参与的土地复垦与生态修复协调机制至关重要。这一机制应确保自然资源、环保、农业、林业等相关部门之间的紧密沟通与合作,以打破部门壁垒,促进资源共享与信息互通。通过定期召开协调会议、建立联合工作组、制订共同行动计划等方式,可以加强部门间的协作与配合,形成工作合力。这种跨部门合作不仅能够提升土地复垦与生态修复工作的效率和质量,还能够确保各项政策措施的一致性和协同性,从而更好地推动土地复垦与

生态修复工作的全面开展,实现生态环境的持续改善和土地资源的可持续利用。

(三)加大资金投入和扶持力度

通过政府预算、社会资本引入、生态补偿等多种渠道筹集资金,是确保土地复垦与生态修复工作得以顺利实施并取得预期效果的重要保障。政府应增加对土地复垦与生态修复项目的预算投入,将其纳入国民经济和社会发展规划,优先保障重点项目的资金需求。同时,积极引导和鼓励社会资本参与土地复垦与生态修复项目,通过政府与社会资本合作、投资补贴、贷款贴息等方式,激发市场活力,拓宽资金来源。此外,建立健全生态补偿机制,对土地复垦与生态修复过程中产生的生态效益进行经济补偿,以调动各方参与的积极性。通过这些措施,可以加大对土地复垦与生态修复的资金投入和扶持力度,为项目的顺利实施提供有力支持,确保生态环境得到有效恢复和改善。

(四)推动科技创新和人才培养

鼓励和支持土地复垦与生态修复领域的技术创新是提升该领域技术水平和实施能力的关键。政府应加大对土地复垦与生态修复科研项目的投入,推动科研机构、高等院校和企业等加强合作,共同研发新技术、新材料和新工艺。同时,积极引进国际先进技术,加强与国际组织、外国政府和科研机构的交流与合作,借鉴国外成功经验,提高我国土地复垦与生态修复的技术水平。在人才培养方面,应重视土地复垦与生态修复领域专业人才的培养和引进。通过设立奖学金、提供实习机会、开展专业培训等方式，鼓励更多年轻人投身该领域，培养一支高素质、专业化的土地复垦与生态修复人才队伍。这将为我国土地复垦与生态修复事业的长期发展提供有力的人才保障。

（五）加强社会参与和宣传教育

广泛动员社会力量参与土地复垦与生态修复工作，是保护生态环境、促进可持续发展的重要举措。为实现这一目标，我们需要加强宣传教育，通过多种渠道和方式，向公众普及土地复垦与生态修复的意义、方法和成果，提高公众的认知度和参与度。同时，积极倡导绿色生产和生活方式，引导公众树立生态文明观念，共同营造关爱自然、保护环境的良好氛围。此外，我们还应充分发挥社会组织、志愿者等的作用，鼓励和支持他们参与土地复垦与生态修复工作。通过组织各种形式的公益活动、志愿服务等，让更多人亲身参与到土地复垦与生态修复中来，感受自然之美、体验生态之好。

（六）建立长效监管和评估机制

建立健全土地复垦与生态修复项目的长效监管和评估机制，是确保项目顺利推进并取得实效的重要保障。为此，我们需要制定完善的监管制度和评估标准，明确监管主体、监管内容和监管方式，确保项目实施过程得到全面、有效的监督。同时，建立动态监测和评估体系，对项目实施过程中的关键环节和重点指标进行实时跟踪和评估，及时发现问题并采取措施加以解决。此外，还应加强项目后期管理和维护，确保项目长期稳定运行并持续发挥生态效益。通过建立健全长效监管和评估机制,我们可以更好地把握项目实施的方向和进度,确保项目按照预定目标和要求顺利推进,为生态环境保护和可持续发展做出积极贡献。

第二节　水资源保护与合理利用

一、水资源保护与合理利用的内涵

(一)水资源保护与合理利用的概念及定义

水资源保护与合理利用是一个综合性的概念,涉及对水源、水量、水质等方面的保护和有效使用。水资源保护是指通过行政、法律、经济的手段,合理开发、管理利用水资源,防止水污染、水源枯竭、水流阻塞和水土流失等问题的出现,以满足社会实现经济可持续发展对淡水资源的需求。这包括保护水资源的数量和质量,以及维护其生态系统的完整性。合理利用水资源则是指在各个领域采取措施来减少浪费并提高利用效率。例如,在农业方面,推广精确灌溉技术,合理安排农作物的种植,避免不必要的水耗损;在工业方面,精确控制工业流程中的用水,发展循环冷却系统和废水回收利用技术。同时,加强节水意识,倡导社会大众从生活习惯上节约用水,比如减少长时间洗澡、修复漏水水管、使用高效节水家电等。

（二）水资源保护与合理利用的重要性

1. 维持生态平衡

水无疑是维系生态平衡不可或缺的因素。它渗透到生态系统的每一个角落，为生物提供生存所需的基本条件。无论是滋润大地、滋养植被，还是为动物提供饮用水源，水都在默默发挥着其不可替代的作用。更为重要的是，水资源的状况直接影响着生物多样性的丰富程度。一个健康的水生态系统能够支持更多种类的生物生存和繁衍，从而形成一个复杂而稳定的生物链。保护和合理利用水资源，意味着我们在确保自然生态系统稳定和繁荣的同时，也在为生物多样性的维护做出贡献。这需要我们采取一系列措施，如减少污染排放、合理规划用水、推广节水技术等，以确保水资源的可持续利用。只有这样，我们才能确保自然生态系统长期保持健康和活力，为子孙后代留下一个宜居的地球家园。

2. 保障生活用水

水是人类生活的基本需求，它涉及我们日常生活的方方面面。干净的饮用水更是预防疾病和保障人类健康的关键要素。因此，水资源的保护和合理利用显得尤为重要。通过有效的水资源管理，我们可以确保供水的充足性、安全性和可持续性，从而满足人们在日常生活和经济发展中的各种需求。这不仅能够保障我们的健康和福祉，还能够为社会的稳定和繁荣提供有力支撑。因此，每个人都应该认识到水资源的重要性，并积极参与到水资源保护和合理利用的行动中来。

3. 促进经济发展

水资源在农业、工业、能源和交通等各个领域中扮演着重要支撑的角色。农业需要水来灌溉作物,确保粮食和其他农产品的丰收;工业依赖水作为原料或冷却剂,在制造过程中发挥着关键作用;能源领域利用水进行水力发电,为社会提供清洁的能源;而交通领域也需要水来维护航道和港口等基础设施。保护和合理利用水资源对于提高用水效率、减少浪费、降低生产成本具有重要意义。通过采用先进的节水技术和设备,我们可以更有效地利用水资源,避免浪费。这不仅可以降低生产成本,提高企业的竞争力,还有助于推动经济的可持续发展。

4. 缓解水资源供需矛盾

随着人口的不断增长和经济的迅速发展,水资源供需矛盾确实变得日益尖锐。这一挑战不仅关乎我们当前的生活和生产,更影响到未来世代的生存与发展。保护和合理利用水资源意味着采取一系列措施来确保水资源的可持续利用。这包括减少污染、防止浪费、提高用水效率、促进水资源的再生和循环利用等。通过这些措施,我们可以更好地管理有限的水资源,确保其在满足当前需求的同时,也能够为未来的需求提供保障。此外,加强水资源管理还需要全社会的共同努力。政府应制定相关政策和法规,加大监管和执法力度;企业应积极采用节水技术和设备,提高用水效率;公众则应增强节水意识,从日常生活中的点滴做起,共同为保护和合理利用水资源贡献力量。

5. 应对气候变化

气候变化已成为全球性的挑战,对水资源产生着深远的影响。

降水分布的不均、洪涝灾害的频发等现象,都是气候变化给水资源带来的直接后果。这些变化不仅影响到人们的日常生活,更对农业、工业乃至整个社会经济体系造成冲击。在这样的背景下,保护和合理利用水资源显得尤为重要。这不仅是为了满足当下的需求,更是为了构建一个能够抵御未来气候变化冲击的社会。通过科学的水资源管理,我们可以更好地预测和应对气候变化带来的不确定性,比如通过雨水收集、储水设施的建设、水资源的调配等手段来平衡水资源的供需。同时,保护和合理利用水资源也能有效减少灾害损失。在洪涝灾害发生时,健全的水利设施和合理的水资源调配能够及时排水防洪,保护人民生命财产安全。而在干旱时期,科学的水资源管理和储备能够确保基本用水需求得到满足,维持社会经济的正常运转。因此,保护和合理利用水资源不仅关乎当下,更关乎未来。它是提高应对气候变化能力、减少灾害损失、保障社会和经济稳定发展的关键所在。

二、水资源保护与合理利用的技术创新

(一)节水技术和设备

开发和推广高效节水灌溉技术、节水型生产工艺和节水器具,是减少水资源在农业、工业和生活领域消耗的重要途径。在农业领域,滴灌和喷灌等节水灌溉技术能够显著提高农田灌溉效率,减少水资源的浪费。这些技术能够将水分直接输送到植物根部,避免传统灌溉方式中的水分蒸发和渗漏损失。在工业领域,通过采用节水型生产工艺和设备,企业可以大幅度降低生产过程中的用

水量,提高水资源利用效率。而在生活领域,节水型马桶、淋浴器等节水器具的普及,则能有效降低家庭用水量,培养公众的节水意识,共同推动水资源的节约与保护。

(二)水资源循环利用技术

通过积极开发和应用污水再生利用和雨水收集利用技术,我们可以高效实现水资源的循环利用,进而促进水资源的可持续利用。污水再生利用技术能够处理污水,将其转化为高质量的再生水,这些再生水可被广泛应用于农业灌溉、工业用水、城市景观用水等多个领域,从而有效缓解用水紧张的问题。同时,雨水收集利用技术则能够收集和利用雨水这一宝贵的水资源,不仅可以用于补充地下水、灌溉绿地,还可以有效减轻城市排水系统的压力,防止城市内涝等问题的发生。这些技术的开发和应用对于保护水资源、促进水资源的合理利用具有重要意义。

(三)水资源监测与管理技术

利用遥感、物联网、大数据等现代信息技术手段,可以建立高效的水资源监测与管理系统。这一系统能够实时监测水资源的量、质以及分布情况,为我们提供准确且及时的数据支持。通过这些技术,我们能够更加精细化地管理水资源,确保其合理分配和高效利用。这不仅有助于满足日益增长的用水需求,还能有效保护水资源,实现经济、社会和环境的可持续发展。

（四）海水淡化技术

随着海水淡化技术的迅速发展和成本的不断降低,海水淡化已经逐渐成为解决沿海地区淡水资源短缺问题的关键途径。通过持续改进海水淡化工艺,提高淡化效率,我们能够稳定地为沿海地区提供大量、可靠的淡水资源。这一技术的广泛应用,不仅有助于满足沿海地区日益增长的淡水需求,还有效地促进了水资源的可持续利用,为沿海地区的经济和社会发展提供了坚实的水资源保障。

（五）水生态修复技术

针对水生态系统受损的问题,我们致力于开发和应用水生态修复技术,其中包括湿地恢复和水生生物增殖放流等重要措施。湿地恢复技术能够帮助我们重建受损湿地的自然环境和植被,恢复其生态功能,为水生生物提供宝贵的栖息地。同时,通过水生生物增殖放流,我们能够增加水生生物的数量和种类,促进水生态系统的平衡与稳定,有力保护水生生物多样性。

第三节　矿山环境治理与绿色开采

一、矿山环境治理与绿色开采的概念及定义

矿山环境治理主要是指对矿山开采过程中产生的环境问题进行治理和修复。这包括处理矿山废水、废气、废渣等污染物,恢复

矿山土地的生态功能,减少矿山开采对周边环境的影响等。矿山环境治理的目标是实现矿山开采与环境保护的协调发展,促进矿区的可持续发展。而绿色开采则是一种综合考虑资源效率与环境影响的现代开采模式。其目标是使矿山开采过程中资源开发效率最高,对生态环境影响最小,并使企业经济效益与社会效益协调优化。绿色开采强调在开采过程中减少对环境的破坏,而不是在开采后再进行环境治理。它要求从采矿、选矿、冶炼、加工、运输等各个环节都采取环保措施,实现矿山的绿色、低碳、循环发展。具体来说,绿色开采包括以下几个方面:一是采用先进的采矿技术和设备,减少对矿山地质结构的破坏和矿产资源的浪费;二是推广使用环保型的选矿药剂和冶炼工艺,降低废水、废气、废渣的排放;三是加强矿山的生态恢复和土地复垦工作,使被破坏的土地得到恢复和利用;四是建立矿山环境监测和预警系统,及时发现和处理环境问题。

二、矿山环境治理与绿色开采的重要性

(一)环境保护

矿山开采是一项重要的工业活动,但它常常会对周边环境产生一系列严重的影响。其中,土地破坏是最为直观的问题之一,开采活动会导致地表塌陷、土壤侵蚀和土地退化等现象。此外,矿山废水、废渣的排放和扬尘等也会造成水源和空气的污染,对周边生态系统和人类健康构成威胁。为了应对这些环境问题,矿山环境治理和绿色开采的实施显得尤为关键。环境治理旨在修复受损的

生态系统,减少污染物的排放,恢复土地和水源的生态功能。通过矿山环境治理和绿色开采的实施,可以有效地减少矿山开采对环境的负面影响,保护生态环境,降低环境破坏的程度。这不仅有助于维护生态平衡和保护生物多样性,而且对于改善人类生存环境、提高生活质量具有深远的意义。因此,在矿山开采过程中,必须高度重视环境治理和绿色开采的实施,以实现经济效益和环境效益的双赢。

（二）资源高效利用

绿色开采是一种注重资源高效利用和环境保护的开采模式。它强调在矿山开采过程中,通过采用先进的采矿技术和设备,实现资源的最大化利用,减少浪费。这种开采方式不仅可以提高矿山的回采率和资源利用率,使得有限的矿产资源得到更加充分的利用,而且能够延长矿山的服务年限,为企业的长期发展提供保障。同时,绿色开采还注重经济效益和资源效益的最大化。通过优化采矿工艺和提高生产效率,可以降低生产成本,增加企业的经济效益。而资源的高效利用则有助于实现资源效益的最大化,为社会和经济的可持续发展提供有力支撑。因此,绿色开采不仅是一种环境保护的开采方式,更是一种资源节约、经济效益和社会效益并重的开采模式。它的推广应用对于促进矿山行业的转型升级和可持续发展具有重要意义。

（三）社会经济效益

矿山环境治理和绿色开采的实施是一种综合性的战略,它不仅关注环境的保护和修复,同时也注重社会和经济的可持续发展。这种治理模式不仅带来了显著的环境效益,更为矿区及其周边社区带来了深远的社会经济效益。在环境层面,矿山环境治理致力于减少矿山开采造成的土地破坏、水源污染和空气污染等问题。通过恢复受损的生态系统、处理废水和废渣、减少扬尘等措施,矿区的生产生活环境得到了显著改善。这不仅有助于保护生物多样性和维护生态平衡,更直接提升了矿工和周边居民的生活质量,使他们能够在一个更加健康、安全的环境中生活和工作。在社会经济层面,绿色开采的推广实施为企业带来了实实在在的经济效益。通过采用先进的采矿技术和设备,企业能够降低生产成本、提高生产效率,从而在激烈的市场竞争中占据优势地位。同时,资源的高效利用和废物的减少也为企业带来了显著的成本节约,进一步增强了企业的经济实力和可持续发展能力。因此,矿山环境治理和绿色开采的实施不仅是对环境的负责,更是对社会和经济的长远发展的投资。这种治理模式将环境保护与经济发展紧密结合,为矿山行业的可持续发展指明了方向。

(四)法律法规遵守

随着环保意识的日益提高和法律法规的不断完善,矿山企业在运营过程中需要承担的环保责任也越来越重。这不仅要求企业在开采过程中减少对环境的破坏,更要求企业在开采结束后对受损的环境进行修复和治理。实施矿山环境治理和绿色开采正是应对这一挑战的有效方式。通过环境治理,企业可以修复受损的生态系统,减少对周边环境的负面影响;这些举措不仅有助于企业遵守相关法律法规,避免因环保问题而引发的法律风险,还可以降低企业面临的社会责任风险。在当今社会,企业的社会责任越来越受到关注,环保表现已成为评价企业社会责任履行情况的重要指标。实施矿山环境治理和绿色开采可以提升企业的环保形象,增强企业的社会认可度,从而为企业带来更加长远的利益。

(五)促进科技创新

矿山环境治理与绿色开采的实施,不仅是对矿山环境的有效保护和资源的高效利用,同时也是对科技创新和技术进步的积极推动。为了满足环境治理和绿色开采的要求,矿山企业需要不断引进和研发先进的技术和设备。这些技术和设备的广泛应用,不仅提高了矿山开采的效率和效益,而且为矿山环境治理和绿色开采提供了有力的技术支撑。同时,这些先进技术和设备的应用也为其他行业提供了借鉴和参考。例如,环保行业可以借鉴矿山环境治理中的土地复垦和水源保护技术,城市建设可以借鉴绿色开采中的资源高效利用和废弃物处理技术。这些跨行业的技术交流和合作,有助于推动整个社会的技术进步和可持续发展。因此,矿山环境治理与绿色开采的实施,不仅是对矿山自身的改造和提升,更是对整个社会技术进步和可持续发展的重要贡献。

三、矿山环境治理现状与挑战

(一)矿山环境治理的现状

矿山环境治理的现状呈现出积极发展的趋势。随着社会对环境保护的重视程度不断提升,矿山环境治理也受到了越来越多的关注。目前,许多国家和地区已经制定了一系列法律法规和政策措施,要求矿山企业必须对开采过程中产生的环境问题进行治理和修复。这些法律法规和政策措施的实施,为矿山环境治理提供了有力的法律保障和政策支持。在治理技术方面,随着科技的进步和创新,矿山环境治理技术也在不断发展。例如,一些先进的土地复垦技术、废水处理技术、废气治理技术等已经被广泛应用于矿山环境治理中,取得了显著的治理效果。此外,一些矿山企业也开始积极探索绿色开采模式,通过改进采矿工艺和设备、提高资源利用效率、减少废弃物排放等措施,降低开采过程对环境的破坏。这种绿色开采模式的推广和应用,有助于实现矿山开采与环境保护的协调发展。

(二)矿山环境治理面临的挑战

1. 治理难度大

矿山环境治理是一个综合性极强的领域,它涉及地质、环境、工程等多个学科和领域的交叉。在治理过程中,必须综合考虑多种因素,如地质构造的稳定性、水文地质条件的变化、环境容量的限制等。这些因素相互关联、相互影响,使得治理工作变得极为复杂。同时,矿山环境问题也呈现出复杂多样的特点。水源污染和空气污染也是矿山环境问题的重要方面,废水、废渣的排放和扬尘等都会对周边水体和大气造成污染。这些环境问题的多样性和复杂性进一步增加了治理的难度。

2. 资金投入不足

矿山环境治理确实需要显著的资金投入,涵盖治理设备的购置与维护、先进技术的研发与应用、专业人员的培训与薪酬等多个方面。这些费用对于确保环境治理工作的有效进行是不可或缺的。然而,现实中,一些矿山企业面临经济效益的挑战,尤其是在市场低迷或资源枯竭的情况下,企业可能难以拨出足够的资金用于环境治理。此外,部分企业环保意识薄弱,过于追求短期经济利益,从而忽视或低估环境治理的重要性。这些因素共同导致了一个问题:治理资金的匮乏。没有足够的资金支持,矿山环境治理工作往往难以启动,即使启动也可能因为后续资金不足而中途夭折。这不仅影响了环境治理的效果,还可能引发一系列社会问题,如环境污染的加剧、社区关系的紧张等。

3. 技术水平有限

矿山环境治理技术虽然在不断进步,但仍然面临一些技术上的挑战和限制。特定的治理技术可能只适用于某些类型的矿山环境问题,而对于其他问题则效果不佳。这导致了在实际应用中需要针对具体问题进行技术选择和改进,增加了治理的难度和不确定性。同时,治理效果难以达到预期目标也是一个普遍存在的问题。这可能是由于环境治理的复杂性、技术本身的局限性以及实施过程中的人为因素等多种原因造成的。因此,在矿山环境治理中,需要不断对技术进行评估和改进,以提高治理效果和效率。此外,新技术的研发和应用也需要时间和经验的积累。尽管科技在不断进步,但新技术的研发、测试到最终应用需要经历一个漫长的过程。在这个过程中,可能会遇到各种技术难题和挑战,需要投入大量的人力、物力和财力进行解决。同时,新技术的应用也需要在实际操作中不断积累经验,才能更好地发挥其优势和作用。

4. 法律法规不完善

矿山环境治理的法律法规在多个国家和地区已经得到了广泛的制定和实施,这些法规为矿山环境的保护和治理提供了重要的法律保障。然而,尽管已经取得了一定的成果,但现行的法律法规仍然存在一些明显的漏洞和不足。其中,一个突出的问题是对矿山企业环保责任的规定不够明确。在一些法律法规中,对于矿山企业应承担的环保责任只是进行了笼统的阐述,缺乏具体、细化的规定。这导致在实际操作中,企业可能对于自身的环保责任存在模糊认识,甚至有意或无意地逃避责任。另一个问题是,对违法行为的处罚力度不够严厉。在一些情况下,即使矿山企业违反了环保法规,所面临的处罚也相对较轻,难以起到有效的震慑作用。这使得一些企业可能存在侥幸心理,认为违法成本较低,从而选择逃避治理责任。

5. 社会认知度不高

矿山环境治理的确是一个长期且充满挑战的任务,它不仅关乎当代人的生活环境质量,更影响到未来几代人的生存与发展。这项工作的成功实施,需要政府、企业、社区和公众等全社会的共同参与和努力。然而,目前社会对矿山环境治理的认知度仍然有限。部分人尚未充分意识到矿山环境问题——如土地破坏、水源污染、生态失衡等——的严重性和深远影响。这种认识上的不足导致了对治理工作的紧迫感缺乏,进而使得治理行动在资金、技术和人力等方面得不到充分支持。由于认知度不高,一些关键的利益相关者,包括受影响的社区居民、非政府组织和潜在的投资者,可能未能积极参与和推动治理进程。这不仅减缓了治理的进度,还可能降低治理的效果和持久性。

四、绿色开采技术

(一)绿色开采的概念

绿色开采是一个综合考虑资源效率与环境影响的现代开采模式,其目标是实现低开采、高利用、低排放。这一定义体现了绿色开采的原则,即在开采过程中尽可能减少对环境的负面影响,同时提高资源的利用效率。

(二)绿色开采技术的发展

1. 保水开采技术

这种技术主要是在开采过程中专注于水资源的保护。通过采用合理的开采方法和工艺,它旨在最大限度地减少对水资源的破坏和污染。这不仅包括对地下水资源的保护,还涉及地表水资源的维护。通过精确的开采规划和实施,可以确保矿井开采活动不会对周围的水资源造成不可逆转的负面影响。同时,这种技术还强调对矿井水的资源化利用。矿井水通常被视为一种废弃物,但实际上,经过适当的处理,它可以转化为有价值的资源。通过回收和处理矿井水,不仅可以减少对新鲜水资源的需求,还可以将其重新用于各种工业、农业或生活用途,从而提高水资源的利用效率。

2. 充填开采技术

充填开采技术是一种高效且环保的煤炭开采方法,它利用废弃物如煤矸石、粉煤灰等,将其充填到采空区。这种做法不仅显著减少了废弃物的排放,降低了对环境的污染压力,同时还有效控制了地表下沉的现象。因为传统的开采方法往往会导致地表下沉,进而对地面建筑和生态环境造成破坏,而充填开采则能有效避免这一问题。近年来,随着科技的进步和研究的深入,充填材料的选择更加多样,充填工艺也得到了显著的改进。这些进步使得充填开采技术在煤炭行业中得到了广泛应用。不仅如此,充填开采还有助于提高煤炭资源的回收率,延长矿井的服务年限,为煤炭行业的可持续发展提供了有力的技术支持。

3. 瓦斯抽放技术

瓦斯,作为煤矿开采中常见的有害气体,确实给矿工的安全带来了严重的威胁。其无色、无味、无臭的特性使得它难以被察觉,一旦在矿井中积聚到一定的浓度,遇到火源就可能引发爆炸,造成不可估量的损失。除此之外,瓦斯排放到大气中还会加剧温室效应,对环境产生深远的影响。为了应对这一难题,瓦斯抽放技术应运而生。这种技术的核心在于通过专门的抽放系统,将矿井中的瓦斯气体抽出,从而有效降低矿井中的瓦斯浓度。这样一来,不仅大大减少了瓦斯爆炸的风险,提高了矿工的工作安全性,同时也为煤矿的安全生产提供了有力保障。值得一提的是,抽放出的瓦斯并非毫无用处。相反,它是一种高效的清洁能源。经过适当的处理和利用,瓦斯可以转化为热能、电能等,为社会的能源供应做出贡献。因此,瓦斯抽放技术不仅是一项安全保障技术,更是一项资源利用技术。它的广泛应用对于煤矿的安全生产和环境保护都具有重要意义。

4. 煤炭地下气化技术

煤炭地下汽化技术是一种创新的能源开采方式,它直接在地下将煤炭转化为气态燃料。这一技术的显著优势在于,它完全避免了传统煤炭开采方法所涉及的煤炭破碎、运输和燃烧等步骤。这样不仅极大地提高了能源利用效率,而且显著减少了对环境的污染和破坏。因为传统的煤炭开采和燃烧过程会产生大量的固体废弃物、废水和废气,对环境造成沉重负担。而煤炭地下气化技术则能在源头上减少这些污染物的产生。同时,地下汽化产生的煤气是一种清洁、高效的能源。这种煤气可以直接用于发电,为电力系统提供稳定、可靠的能源供应。此外,它还可以广泛应用于化工领域,作为原料或燃料,推动化工行业的可持续发展。因此,煤炭地下气化技术不仅是一种环保的煤炭开采方式,更是一种具有广阔应用前景的清洁能源技术。

五、矿山环境治理策略与措施

(一)矿山地质环境保护策略

在矿山开采过程中,对地质环境的保护至关重要。为了降低对地质环境的破坏,必须采取合理的开采方法和工艺,确保在提取矿产资源的同时,最大限度地减少对周围地质结构的扰动。此外,建立矿山地质环境监测体系也是不可或缺的一环。这一体系能够对矿山地质环境进行持续、动态的监测,及时发现潜在的地质环境问题,如地面沉降、地裂缝、岩体失稳等,并迅速采取有效的应对措施,从而防止问题的扩大和恶化。通过这种方式,可以确保矿山开采活动与地质环境保护之间的平衡,促进矿业的可持续发展。

(二)水资源保护策略

在矿山开采过程中,保护水资源至关重要。为了防止水资源受到污染和破坏,应采取一系列有效措施。其中,建立矿井水处理站是一项关键举措,通过对矿井水进行专业处理,可以去除其中的有害物质和污染物,使其达到回用标准,从而减少对周围水环境的影响。此外,加强对矿区周边水资源的监测也是必不可少的,通过定期检测和分析水质数据,可以及时发现潜在的水资源安全问题,并采取相应的预防和治理措施,确保水资源的持续安全供应。这些措施共同构成了矿山开采过程中水资源保护的综合策略,为矿业的可持续发展提供了有力保障。

(三)固体废弃物处理策略

矿山开采过程中确实会产生大量的固体废弃物,主要包括煤矸石、尾矿等。这些废弃物如果不得到妥善处理,不仅会大量占用宝贵的土地资源,还可能对周边环境造成严重的污染。为了解决这一问题,必须采取有效措施对固体废弃物进行合理的处理和处置。其中,建立专门的固体废弃物处理场是一项重要举措。在这样的处理场中,可以对废弃物进行科学分类,根据不同类型的废弃物采用相应的处理技术和方法,实现废弃物的资源化和无害化。通过资源化利用,可以将废弃物转化为有价值的资源,提高资源利用效率;而通过无害化处理,则可以消除废弃物对环境和人体的危害,保护生态环境和公众健康。这样的措施对于促进矿山开采与环境保护的协调发展具有重要意义。

(四)植被恢复措施

矿山开采过程中不可避免地会对植被造成破坏,这种破坏往往导致土地荒漠化、水土流失等严重环境问题。为了应对这一挑战,采取有效的植被恢复措施至关重要。这包括对破坏的植被进行修复和重建,以确保土地的稳定性和生态功能的恢复。具体而言,可以在矿区周边种植适合当地生长的植被,这样做不仅能提高植被覆盖率,还有助于减少水土流失。通过科学的植被恢复策略,可以促进矿山区域的生态恢复,为可持续发展奠定坚实基础。

(五)矿山生态修复策略

矿山关闭或废弃后,生态环境往往遭受了严重破坏,这时应采取切实有效的生态修复措施。比如对破坏的土地进行复垦,通过植被恢复、土壤改良等手段,使其重新具备生态功能。同时,建立生态公园或绿化带也是一种有效的方式,这不仅可以美化矿区环境,还能提高矿区的生态环境质量,为周边居民提供一个休闲、娱乐的场所。通过这些措施,我们可以促进矿山生态环境的恢复和改善,实现人与自然的和谐共生。

第四节　地质灾害防治与预警系统建设

一、地质灾害防治与预警系统的重要性

(一)保障人民生命财产安全

　　地质灾害由于其突发性和破坏性,常常给人们的生命和财产安全带来巨大的威胁。在这种情况下,地质灾害防治与预警系统的作用就显得尤为重要。地质灾害防治与预警系统通过持续、实时的监测,能够及时发现地质环境的异常变化,这些变化往往是地质灾害发生的前兆。一旦发现这些异常,系统就会立即启动预警机制,通知相关部门和可能受影响的民众,为他们采取应对措施提供宝贵的时间。另外,地质灾害防治与预警系统还能够对灾害的可能影响范围和程度进行预测和评估。这有助于相关部门制定更加科学、有效的应急响应方案,减少灾害发生时的人员伤亡和财产损失。因此,可以说地质灾害防治与预警系统是守护人民生命财产安全的一道重要防线。通过这一系统,我们不仅能够更好地应对地质灾害,还能够在一定程度上降低灾害带来的损失。

(二)促进地方经济发展

　　地质灾害,如地震、滑坡、泥石流等,不仅威胁人民的生命财产安全,同时也对当地经济产生深远的负面影响。这些灾害可能导

致基础设施损坏、交通中断、资源供应受阻,甚至造成长期的社会心理影响,使得投资者和消费者信心下降,从而阻碍经济的正常发展。在这种情况下,地质灾害防治与预警系统显得尤为关键。这一系统通过持续监测地质环境,及时发现潜在的地质灾害风险,并为相关部门提供决策支持,使得应对措施能够更加迅速、精准地实施。通过地质灾害防治与预警系统,政府和企业能够提前做好防灾减灾准备,减少灾害发生时的经济损失。例如,在灾害发生前加强基础设施的加固和维护,确保交通、通信等重要经济命脉的畅通;同时,通过合理的资源调配和应急预案,降低灾害对生产和供应链的影响。此外,地质灾害防治与预警系统还能够提升当地经济的恢复能力。在灾害发生后,该系统能够帮助相关部门快速评估灾情,制订科学的救援和重建计划,从而加速经济的恢复进程。因此,地质灾害防治与预警系统不仅关乎人民的生命安全,也是保障经济稳定和发展不可或缺的一环。通过加强这一系统的建设和应用,我们能够更好地应对地质灾害带来的挑战,为地方经济的持续健康发展提供有力保障。

(三)提高国家减灾能力

地质灾害防治与预警系统确实在国家减灾体系中占有举足轻重的地位。这一系统通过综合运用现代科技手段,如遥感监测、地理信息系统、全球定位系统等,实现了对地质灾害全天候、全覆盖的监测和预警,为国家在应对自然灾害时提供了有力支撑。通过地质灾害防治与预警系统,国家能够实时掌握地质灾害的发生、发展动态,及时做出科学决策,有效调配救援资源,最大限度地减轻灾害损失。这不仅提高了国家的减灾能力,也体现了国家对人民生命财产安全的高度重视和负责任态度。同时,地质灾害防治与预警系统对于保障社会稳定和推动可持续发展同样具有重要意义。一方面,通过减少地质灾害带来的人员伤亡和财产损失,该系统有助于维护社会的和谐稳定;另一方面,通过降低灾害风险,保护生态环境,该系统也为实现经济、社会和环境的可持续发展奠定了坚实基础。因此,加强地质灾害防治与预警系统的建设和应用,不仅是国家减灾体系建设的内在要求,也是推动国家治理体系和治理能力现代化的重要举措。

二、地质灾害防治现状与挑战

(一)我国地质灾害概况

我国地质灾害种类繁多,包括地震、滑坡、泥石流、崩塌、地面塌陷等,分布广泛,西南、西北和东部地区是地质灾害的高发区。这些灾害的发生往往会造成严重的人员伤亡和经济损失,对人民的生命财产安全构成严重威胁。为了应对地质灾害带来的挑战,我国采取了一系列措施。在监测预警方面,通过高科技手段进行全天候、全覆盖的监测,及时发现地质环境的异常变化,为预警提供依据。在应急救援方面,加强应急救援队伍建设,提高应急响应速度和能力,确保在灾害发生时能够迅速、有效地开展救援工作。此外,我国还加强了地质灾害防治工程建设,通过工程措施减少灾害发生的风险。同时,我国还重视科普宣传工作,提高公众对地质灾害的认识和防范意识,增强自救能力。公众的参与和配合对于减少地质灾害带来的损失至关重要。国际合作也是我国地质灾害防治工作的重要组成部分。我国积极参与国际地质灾害防治合作，与国际组织和其他国家开展交流和合作，共同应对全球地质灾害挑战。

（二）地质灾害防治面临的挑战

1. 灾害种类多样且分布广泛

我国地质灾害防治工作面临严峻挑战。地质灾害种类繁多，包括地震、滑坡、泥石流、崩塌、地面塌陷等，这些灾害在我国的广大地区都有发生，且破坏力极大，给人民的生命财产安全带来了严重威胁。由于我国地理环境的复杂性和气候条件的多样性，地质灾害的发生往往受到多种因素的影响，这使得防治工作具有很大的复杂性和艰巨性。同时，我国的地质灾害防治技术水平相对较低，监测预警体系和应急救援体系还不够完善，这给防治工作带来了很大的困难。因此，需要加强防治能力建设、监测预警体系建设、应急救援体系建设等方面的工作，提高我国的地质灾害防治水平。

2. 监测预警难度大

我国地质灾害防治工作面临诸多挑战。首先，地质灾害的发生受到多种因素的影响，如气候、地质构造、地形地貌等，这些因素复杂多变，使得监测和预警难度大。其次，我国的地质灾害防治技术水平相对较低，监测手段和方法还不够先进，预警准确率不高，这给防治工作带来了很大的挑战。因此，需要加强技术研发和设备更新,提高监测预警的准确性和及时性,以更好地应对地质灾害带来的挑战。

3. 灾害发生频率高

我国地质灾害防治工作面临的一个重要挑战是如何有效降低地质灾害造成的损失,保障人民生命财产安全。我国地质灾害发生频率较高,每年都会发生不同程度的灾害,造成大量的人员伤亡和财产损失,对社会稳定和经济发展带来很大的负面影响。因此,需要加强地质灾害防治能力建设,提高应急救援速度和效率,同时加强宣传教育,增强公众的防范意识和自救能力。只有这样才能更好地应对地质灾害带来的挑战。

4. 防治能力不足

我国地质灾害防治能力相对较低,防治技术和手段相对落后,缺乏专业化的防治队伍和设备。这使得在灾害发生时,往往无法及时有效地应对,给人民生命财产安全带来很大威胁。社会公众对地质灾害的认识和防范意识也不够强,缺乏自我保护和自救能力。这使得在灾害发生时,往往无法正确应对,增加了灾害的损失。因此,需要加强防治能力建设、宣传教育等方面的工作,提高防治技术和手段的先进性,同时加强宣传教育,增强公众的防范意识和自救能力。只有这样才能更好地应对地质灾害带来的挑战。

三、地质灾害防治与预警系统建设策略与措施

(一)加强监测体系建设

建立全面的地质灾害监测网络是至关重要的,它通过结合地

面监测和遥感监测等多种手段,确保了对灾害高风险区域的全面覆盖和实时监测。地压监测利用先进的仪器和设备,对灾害体的位移、变形等进行实时监测,为预警系统提供第一手数据。遥感监测则利用卫星和无人机等航空器,获取高分辨率的遥感影像,通过图像处理和分析技术,提取出灾害体的特征信息。这一综合性的监测网络不仅提高了数据的准确性和完整性,还为预警系统提供了有力支持。实时监测和分析这些数据,能够及时发现异常变化,发出预警信息,为相关部门和人员争取宝贵的时间采取应对措施。

(二)完善预警系统

建立完善的地质灾害预警系统是提高预警准确性和及时性的关键。这一系统包括预警模型、算法和阈值设定等多个方面,通过综合分析监测数据和外部环境因素,对灾害发生的可能性进行评估和预测。预警模型的建立需要基于对地质灾害的深入了解和研究,利用大数据技术和统计分析方法,构建科学的数学模型。算法则用于处理和分析监测数据,提取有用信息,为预警提供依据。阈值设定则是根据历史数据和经验,确定灾害发生的关键指标和阈值,触发预警的启动。此外,加强与气象、水利等部门的合作至关重要。这些部门在灾害预警中扮演着重要角色,通过信息共享和协同预警,能够提高预警的准确性和及时性。

(三)加强应急响应能力建设

建立高效的地质灾害应急响应机制是至关重要的,它能够确保在灾害发生时迅速启动应急响应程序,采取有效的处置措施。

应急预案是应急响应机制的核心,它规定了在不同等级的灾害发生时应该采取的行动方案。预案应详细列出每一步的流程和责任人,以便在紧急情况下迅速启动。应急队伍的建设也是至关重要的。队伍应包括专业的救援人员、医疗人员和志愿者等,他们应接受过相关的培训和演练,具备处理地质灾害的专业技能和经验。此外,物资储备也是应急响应机制的重要组成部分。储备足够的救援物资、食品、医疗用品等,以确保在灾害发生时能够及时提供给受灾地区。

(四)加强宣传培训

加强地质灾害防治知识的宣传和培训工作对于增强公众的防灾意识和自救能力至关重要。通过多种形式的宣传活动,如开展宣传周、制作宣传册和海报、举办展览等,普及地质灾害防治知识,提高公众对应急避险和自救互救技能的掌握。此外,举办培训班也是有效的途径之一。通过组织专业的地质灾害防治培训班,邀请专家学者和救援人员授课,向公众传授地质灾害的成因、预警信号、应急处置等方面的知识。这样的培训不仅可以增强公众的防灾意识,还能培养他们的自救互救能力,减少灾害造成的人员伤亡和财产损失。政府、媒体、社会组织和企业等应该加强合作,充分利用各种渠道和资源,广泛宣传地质灾害防治知识,增强公众的意识和能力。只有全社会的共同参与和努力,才能有效应对地质灾害,保障人民群众的生命财产安全。

参 考 文 献

[1] 傅中平,梁圣然. 广西石山地区珍奇地质景观评价开发与保护研究[M]. 南宁:广西科学技术出版社,2007.

[2] 王轶,李瑞敏,刘永生,等. 华北平原水土地质环境监测与研究[M]. 北京:地质出版社,2016.

[3] 中国地质环境监测院. 中国地质环境监测地下水位年鉴[M]. 北京:中国大地出版社,2007.

[4] 许涛. 地质遗产保护与利用的理论及实证研究[M]. 北京:中国科学技术出版社,2015.

[5] 余健健. 环境监测在生态环境保护中的作用及发展措施[J]. 环境与发展,2020,32(4):141.

[6] 窦哲. 环境监测在环境保护中的重要性及策略探析[J]. 资源节约与环保,2020(4):41.

[7] 刘毛毛. 环境监测在环境保护中的重要性与具体措施分析[J]. 资源节约与环保,2019(11):58.

[8] 熊春莲,李文洪. 探讨环境监测技术的应用与其质量控制方法[J]. 资源节约与环保,2019(8):71.

[9] 迟莉. 低碳经济背景下环境监测对生态环境保护的影响[J]. 皮革制作与环保科技,2023,4:80-81+91.

[10]陈果,王景瑶,李聚揆.石油烃污染土壤修复技术的研究进展[J].应用化工,2019,47(5):12-14.

[11]谢宜,史学峰,李昌武,等.化学氧化联合微生物修复石油烃污染土壤[J].湖南有色金属,2022(6):38-39.

[12]陆光华,万蕾,苏瑞莲.石油烃类污染土壤的生物修复技术研究进展[J].生态环境学报,2020,12(2):220-223.

[13]王亚男,程立娟,周启星.鸢尾对石油烃污染土壤的修复以及根系代谢分析[J].环境科学,2019(4):8-9.

[14]郭一冰,李一安,等.辽宁省"十四五"生态环境监测能力提升思考[J].干旱环境监测,2023,37(1):45-48.

[15]朱云飞,张惠鸣,等.化工园区安全与环境一体化智慧监测管理[J].中国环境监测,2022,38(6):204-212.

[16]嵇晓燕,王姗姗,等.长江水环境质量监测网络运行体系初步构建[J].环境监测管理与技术,2022,34(5):1-5.

[17]刘畅,罗育池,等.广东省地下水环境监测井现状及管理对策[J].环境监测管理与技术,2022,34(5):39-44.

[18]李峰.区域大气环境监测中遥感技术的实践应用研究[J].黑龙江环境通报,2023,36(4):63-65.

[19]王树成,任聪博,赵银平,等.遥感技术在大气环境监测中的应用研究[J].智能城市,2023,9(5):113-115.

[20]王夜光,杨元元,郭锐,等.遥感技术在现代环境监测与环境保护中的应用[J].智能城市,2023,9(5):122-124.

[21]陈鑫.卫星遥感技术在森林资源及生态环境变化监测中的应用[J].乡村科技,2023,14(10):151-154.

[22]王锋,李厚峰.环境监测在生态环保中的作用及发展途径[J].资源节约与环保,2021(4):66-67.

[23]潘波.环境监测在生态环境保护中的作用及发展途径[J].百科论坛电子杂志,2019(23):791.

[24]程林.环境监测在生态环境保护中的作用及发展途径[J].生态环境与保护,2019(9):2.

[25]叶娟.探析环境监测在环境保护中的作用与发展途径[J].资源节约与环保,2019(11):32.

[26]蔡为东.环境监测在生态环境保护中的作用及发展路径分析[J].科学与信息化,2019(27):1

[27]陈军.遥感技术在矿山地质环境监测中的应用[J].中国金属通报,2021(11):185-186.

[28]王慧敏,杨仕勇.遥感技术在矿山地质环境监测中的应用[J].北京测绘,2021,35(08):1038-1043.

[29]侯博.遥感技术在矿山地质环境监测中的应用[J].华北自然资源,2021(03):82-83.